RHEINISCH WESTFÄLISCHE AKADEMIE DER WISSENSCHAFTEN

AF613727

Rheinisch-Westfälische Akademie der Wissenschaften

Natur-, Ingenieur- und Wirtschaftswissenschaften Vorträge · N 345

Herausgegeben von der
Rheinisch-Westfälischen Akademie der Wissenschaften

STEFAN HILDEBRANDT

Variationsrechnung heute

Springer Fachmedien Wiesbaden GmbH

323. Sitzung am 3. April 1985 in Düsseldorf

CIP-Kurztitelaufnahme der Deutschen Bibliothek

Hildebrandt, Stefan:
Variationsrechnung heute / Stefan Hildebrandt.

(Vorträge / Rheinisch-Westfälische Akademie der Wissenschaften: Natur-, Ingenieur- u. Wirtschaftswissenschaften; N 345)
ISBN 978-3-531-08345-2 ISBN 978-3-663-14279-9 (eBook)
DOI 10.1007/978-3-663-14279-9

NE: Rheinisch-Westfälische Akademie der Wissenschaften ⟨Düsseldorf⟩: Vorträge / Natur-, Ingenieur- u. Wirtschaftswissenschaften

Ursprünglich erschienen bei Westdeutscher Verlag GmbH Opladen 1986

ISSN 0066-5754

ISBN 978-3-531-08345-2

1. Die Variationsrechnung ist ein altes mathematisches Gebiet, dessen Wurzeln bis ins Altertum reichen. Die Griechen kannten bereits die isoperimetrische Eigenschaft von Kreis und Kugel, und Heron leitete das Reflexionsgesetz für Lichtstrahlen aus einem Minimumprinzip her. Ähnlich gelang es Fermat 1662, das Brechungsgesetz für Lichtstrahlen aus dem Prinzip zu gewinnen, daß Licht von einem Ausgangspunkt in kürzestmöglicher Zeit zu einem Beobachter kommt. Newton untersuchte 1686, wie ein Rotationskörper gestaltet sein muß, der einem widerstrebenden Medium den kleinsten Widerstand entgegensetzt. Die Entwicklung der Variationsrechnung als eigenständiger mathematischer Disziplin begann mit den Arbeiten der Brüder Jakob und Johann Bernoulli, die aus dem bekannten Wettstreit um das Problem der Brachystochrone (der Kurve „schnellsten Falles") hervorgingen. Im achtzehnten Jahrhundert bildeten vor allem Leonhard Euler und Joseph Louis Lagrange die Variationsrechnung zu einem wirkungsvollen mathematischen Instrument aus.

Ursprünglich hieß Variationsrechnung die „isoperimetrische Methode", und es läßt sich recht genau datieren, wann der neue Name auftauchte. Im Protokoll der Sitzung Nr. 441 der Berliner Akademie vom Donnerstag, dem 16. September 1756, ist verzeichnet: *Mr. Euler a lû Elementa calculi variationum.* Auf dieser Sitzung und auf der vorangehenden vom 9. September 1756 trug Euler erstmals über seine beiden Abhandlungen zum Lagrangeschen δ-Kalkül vor, die allerdings erst viel später, nämlich 1766, publiziert wurden. Diese Arbeiten gehen auf einen Brief Lagranges vom 12. August 1755 an Euler zurück. Darin setzte der neunzehnjährige französische Mathematiker seine noch heute benutzte *Variationsmethode,* also das Rechnen mit den Symbolen δx, δy, ..., auseinander. Ursprünglich hielten sowohl Euler als auch Lagrange den Variationskalkül für eine Art höherer Infinitesimalrechnung, und erst um 1771 entdeckte Euler den wohlbekannten Kniff, mit dem man den Variationskalkül auf die gewöhnliche Infinitesimalrechnung reduzieren kann. Eingebürgert hat sich der Name „Variationsrechnung" aber erst zu Anfang des neunzehnten Jahrhunderts.

Was ist das *Grundproblem der Variationsrechnung?* Um dies einigermaßen exakt zu fassen, benötigen wir einige mathematische Begriffe. Betrachten wir zuerst

Funktionen (oder Abbildungen) $u : \Omega \to M$, die einem jeden Punkt x einer gewissen (offenen und beschränkten) Menge Ω des n-dimensionalen Euklidischen Raumes $\mathbb{R}^n$ einen Bildpunkt u(x) zuordnen, der in einer gegebenen Mannigfaltigkeit *M* liege. Wir stellen uns vor, daß die Abbildungen u differenzierbar sind, also in jedem Punkt x aus Ω eine Tangentialabbildung Du(x) besitzen. Weiter denken wir uns eine reellwertige Funktion F(x, z, p) gegeben, die beispielsweise als eine „Dichtefunktion" interpretiert werden könnte. Dann läßt sich für jede „genügend reguläre" Funktion $u : \Omega \to M$ das n-dimensionale Integral

$$(1) \qquad I(u) = \int_{\Omega} F(x, u(x), Du(x))dx$$

bilden. Nun betrachten wir eine Klasse *C „zulässiger Funktionen"* u, die durch eine Reihe von *Nebenbedingungen* beschrieben sind. Als solche Nebenbedingungen, die wir in Kürze an Hand von Beispielen untersuchen werden, kommen beispielsweise *Randbedingungen, Volumenbedingungen (isoperimetrische Bedingungen)* und *Hindernisbedingungen* in Frage.

Durch das Ingetral (1) wird jeder Funktion u aus der Klasse *C* ein Wert I(u) zugeordnet. Diese Zuordnung können wir uns so veranschaulichen, daß wir uns die Klasse *C* als eine „Ebene" vorstellen, in der jeder Punkt gerade einer zulässigen Abbildung u entspricht. Den Wert I(u) tragen wir als „Höhe" über dem Punkte u ab und erhalten so eine Art Berglandschaft, die wir kurz das *Integralgebirge* nennen wollen. *Die Grundaufgabe der Variationsrechnung besteht nun darin, die höchsten und die tiefsten Stellen, also die Maxima und Minima eines solchen Integralgebirges zu bestimmen* (Abbildung 1).

Abb. 1: Minima A, C, Sattelpunkt B, Maximum D.

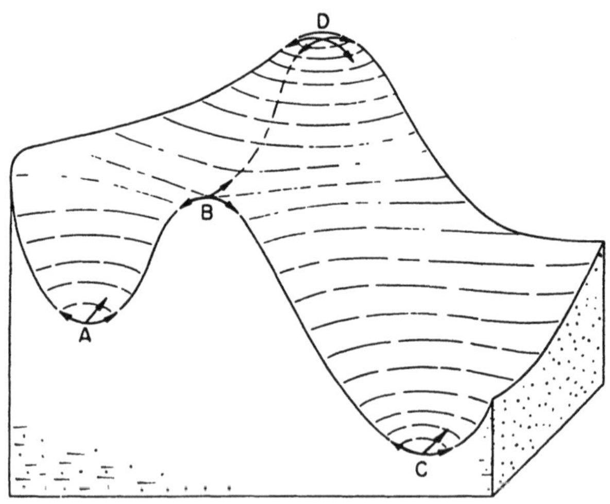

Als erstes wollen wir nach einer geometrischen Eigenschaft suchen, mit der sich Gipfel- und Talpunkte jedenfalls dann kennzeichnen lassen, wenn das Integralgebirge – ähnlich wie eine geologisch alte Berglandschaft – genügend gerundet und geglättet ist. Jeder Wanderer kennt ein solches Kriterium: Auf dem Gipfel und unten im Tal ist der Boden ganz horizontal, also nicht geneigt. In mathematischer Sprechweise sagt man hierfür, *das Integralgebirge besitze an den Extremstellen eine horizontale Tangentialebene.* Freilich gibt es im Gebirge auch noch andere Stellen mit horizontaler Tangentialebene, nämlich die *Sattelpunkte,* die zwischen zwei Gipfeln und zwei Tälern liegen. Will ein Wanderer im Gebirge von einem Tal in ein benachbartes gelangen, so muß er mindestens einen Bergsattel, ein Joch, übersteigen. Die Punkte u, über denen das Integralgebirge eine horizontale Tangentialebene hat, heißen *stationäre Punkte* (oder auch *kritische Punkte*) des Integrals I in der Klasse *C.*

Die mathematische Technik, mit der die geometrische Eigenschaft der waagerechten Tangentialebene in Formeln ausgedrückt wird, ist nun gerade der Lagrangesche δ-Kalkül. Ein stationärer Punkt u ist dadurch gekennzeichnet, daß die *erste Variation*

$$\delta I(u) = \int_\Omega \{F_z(x, u(x), Du(x))\,\delta u + F_p(x, u(x), Du(x))\,D\delta u\}\,dx$$

des Integrales I an der Stelle u für jede Änderung δu verschwindet. Bei genügender Regularität von F und u läßt sich aus der Bedingung $\delta I(u) = 0$, die gerade die stationären Punkte von I charakterisiert, ein System partieller Differentialgleichungen für u herleiten, die zumeist *Euler-Lagrangesche Gleichungen* heißen. Wenn $M = \mathbb{R}^N$ und $u = (u^1(x), \ldots, u^N(x))$ ist, haben diese Gleichungen die Form*

$$(2) \qquad D_\alpha F_{p_\alpha^i}(x, u(x), Du(x)) - F_{z^i}(x, u(x), Du(x)) = 0, \; i = 1, \ldots, N.$$

Für lange Zeit war Variationsrechnung gleichbedeutend mit dem Studium der Gleichungen (2), und dem der Mathematik Fernerstehenden mag es zuweilen so erscheinen, als ob mit den Arbeiten Eulers und Lagranges alles Wesentliche gesagt gewesen wäre. Dieser Eindruck ist aber ganz falsch, und in Wahrheit ist die Entwicklung der Variationsrechnung erst in unserem Jahrhundert richtig in Gang gekommen. Mit dieser Behauptung, die übertrieben scheinen könnte, und mit den gegenwärtigen Problemen der Variationsrechnung wollen wir uns nun auseinandersetzen.

Zunächst bemerken wir, daß für die Mathematiker des achtzehnten Jahrhunderts die *Existenz* von Extrempunkten evident war, und noch Gauß und Riemann sind gelegentlich demselben Trugschluß verfallen. Ebenfalls evident schien ihnen

* Über α ist von 1 bis n zu summieren.

die *Differenzierbarkeit der Extremfunktionen* u, die, wie ohne weiteres erkennbar, für die Aufstellung der Gleichungen (2) ganz wesentlich ist. In der Tat braucht man zweimal differenzierbare, also von zweiter Ordnung glatte Objekte, um die Gleichungen (2) überhaupt hinschreiben zu können. Diese beiden Fragen nach *Existenz und Regularität der Lösungen von Extremwertaufgaben,* die heutzutage im Zentrum der mathematischen Untersuchungen stehen, stellten sich den Mathematikern des Barocks überhaupt nicht, und auch heute noch mögen sie vielen Nichtmathematikern als überflüssig oder bestenfalls als Spitzfindigkeiten erscheinen. Warum sollte man sich zum Beispiel für extremale Objekte interessieren, die sich nicht durch glatte Funktionen beschreiben lassen? Zu dieser Frage gibt es viele Antworten, aber zumindest eine, die jedermann akzeptieren wird: Die Natur produziert solche Objekte. In der Tat lassen sich viele Naturphänomene bloß durch nichtglatte Funktionen beschreiben, und je näher man hinschaut, um so mehr Irregularitäten oder *Singularitäten,* wie der Mathematiker sagt, wird man entdecken. Betrachten wir zunächst einige *Beispiele,* um die genannten Probleme näher zu beleuchten.

2. Zu den alten Fragen der Variationsrechnung gehört die Aufgabe, in eine gegebene Randkonfiguration eine Fläche so einzuspannen, daß ihr Flächeninhalt unter allen anderen eingespannten Flächen einen möglichst kleinen Wert hat. Im einfachsten Falle handelt es sich um die Flächen kleinsten Inhalts, die in einer geschlossenen Kurve sitzen; die Abbildungen 2 und 3 zeigen einige Beispiele solcher Flächen für verschieden gestaltete Kurven. In der Sprache der Variationsrechnung beschreibt man die Flächen durch Abbildungen $u : \Omega \to \mathbb{R}^3$ eines zweidimensionalen Gebietes Ω, und der Flächeninhalt I(u) wird durch das Integral

$$(3) \qquad I(u) = \int_\Omega |u_x \wedge u_y| \, dx \, dy$$

gegeben. Die Klasse *C* der zulässigen Objekte besteht aus solchen Funktionen, die Flächen beschreiben, welche in die vorgeschriebene Kurve Γ eingespannt sind. Betrachten wir nun das zum Integral (3) gehörende Integralgebirge, so entsprechen dessen Talpunkten (Minima) gerade die in Γ sitzenden Flächen kleinsten Inhalts. Sie gehören zu den stationären Punkten des Integralgebirges, die, wie sich herausstellt, überall verschwindende mittlere Krümmung H haben, also der Gleichung

$$(4) \qquad H = 0$$

genügen. Dies ist die Euler-Lagrangesche Gleichung zu (3). Die durch (4) beschriebenen Flächen werden *Minimalflächen* genannte. Diejenigen Minimalflächen, die Talpunkten des zu (3) gehörenden Integralgebirges entsprechen, also nicht Sattelpunkte sind, können durch ein physikalisches Experiment realisiert werden. Bildet man nämlich die Kurve Γ durch einen dünnen Draht nach, so korrespondieren die stabilen Seifenhäute in dem Drahtring gerade den Flächen kleinsten Inhalts in Γ.

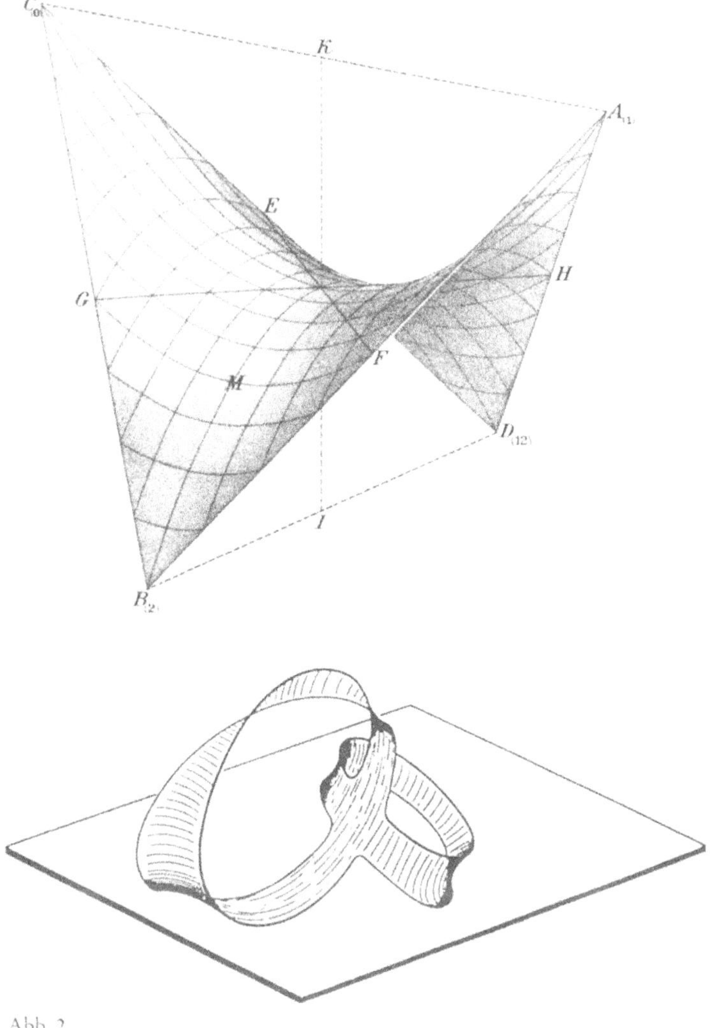

Abb. 2

Die Nebenbedingung, welche die Klasse *C* definiert, ist hier eine Randbedingung, die lautet: eine zulässige Fläche muß in die Kurve Γ eingespannt sein.

Bereits im vorigen Jahrhundert wurde von dem belgischen Physiker Plateau vermutet, daß jede geschlossene Kurve Γ eine Minimalfläche berandet. Dies ist tatsächlich richtig, was aber erst um 1930 bewiesen wurde. Eine Zeit lang dachte man, jede Kurve Γ könne höchstens eine Minimalfläche beranden, so wie es zwischen zwei Punkten im Raum nur eine kürzeste Verbindung, nämlich die geradlinige, gibt. Dies ist aber nicht wahr. Zum Beispiel zeigt Abb. 3 Kurven, die zwei oder

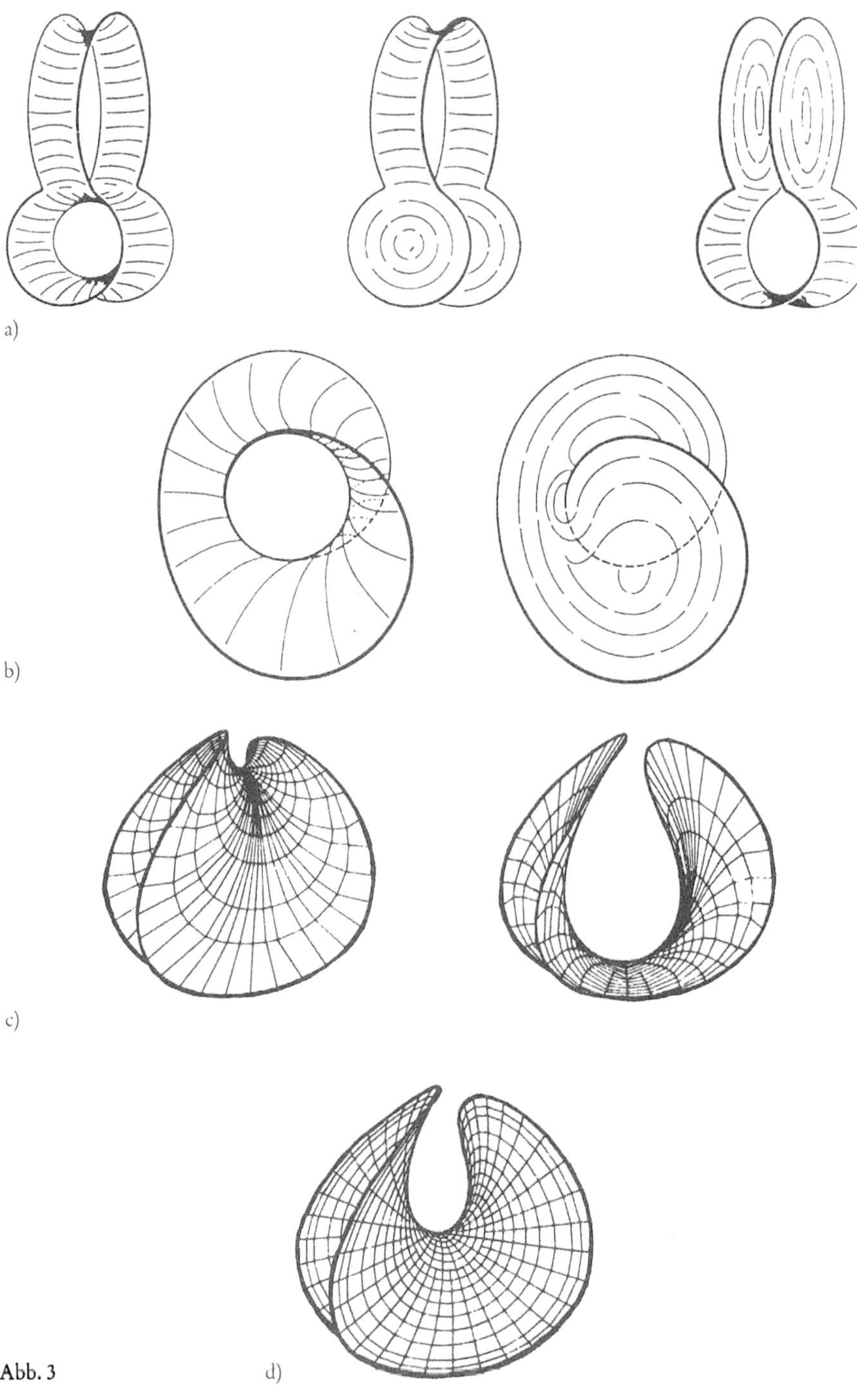

Abb. 3

drei Minimalflächen beranden. Man kann sogar zu jeder natürlichen Zahl k eine Kurve Γ finden, in der mindestens k Minimalflächen sitzen, und deren Totalkrümmung bloß größer als 4π zu sein braucht. Es ist allerdings unbekannt, ob es Kurven gibt, die unendlich viele Minimalflächen beranden. Übrigens sind die in Abb. 3a–c dargestellten Minimalflächen durch stabile Seifenhäute realisierbar. Nach einem mathematischen Satze muß es dann für die in 3c auftretende Kurve Γ eine dritte, instabile Minimalfläche geben, die im Integralgebirge einem Sattelpunkt zwischen zwei Talpunkten entspricht; diese Fläche ist in Abb. 3d dargestellt. Eine solche instabile Fläche ist nicht leicht zu bekommen, und ihre numerische Darstellung ist im allgemeinen noch nicht gelungen, denn ein auf der Variationsmethode beruhendes numerisches Verfahren ist notgedrungen instabil, da Näherungslösungen lieber zu den beiden stabilen Lösungen als zur instabilen laufen, so wie ein Skifahrer leicht ins Tal gleitet, sobald er sich um ein weniges vom Sattel wegbewegt.

Andere Randbedingungen für Minimalflächen erhält man mit Randkonfigurationen, die ganz oder zumindest teilweise aus *Stützflächen* bestehen. Abbildung 4 zeigt eine Halbebene (im Experiment eine dünne Plexiglasplatte), mit der eine Kurve Γ (ein Draht) bloß die beiden Endpunkte gemeinsam hat. Die Kurve beginnt auf der Oberseite der Platte, ist um deren Kante herumgeführt und endet an der Unterseite. Spannt man in diese Konfiguration eine Minimalfläche (Seifenhaut) ein, so besitzt sie einen festen Randteil, nämlich Γ, und einen *freien Randteil Σ*, der auf der Stützfläche (der Platte) liegt. Dazu gibt es ein *Hindernis*, die Kante der

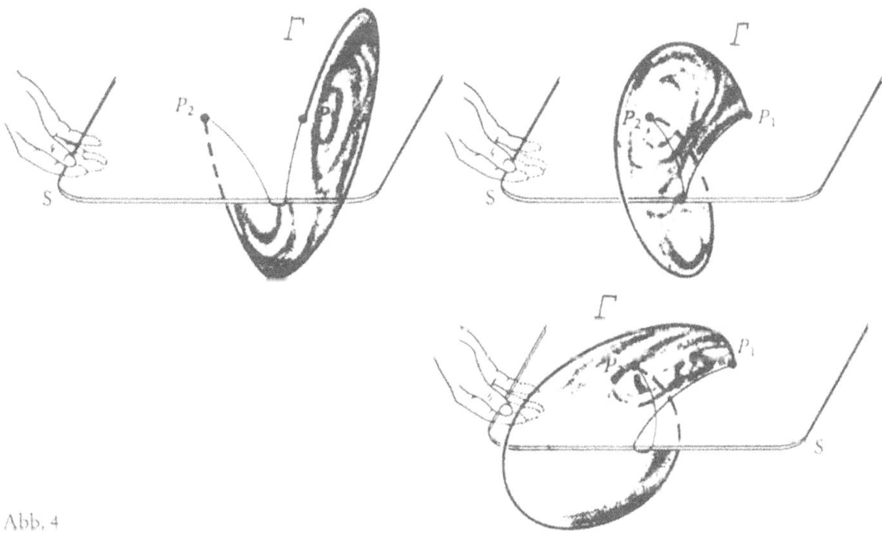

Abb. 4

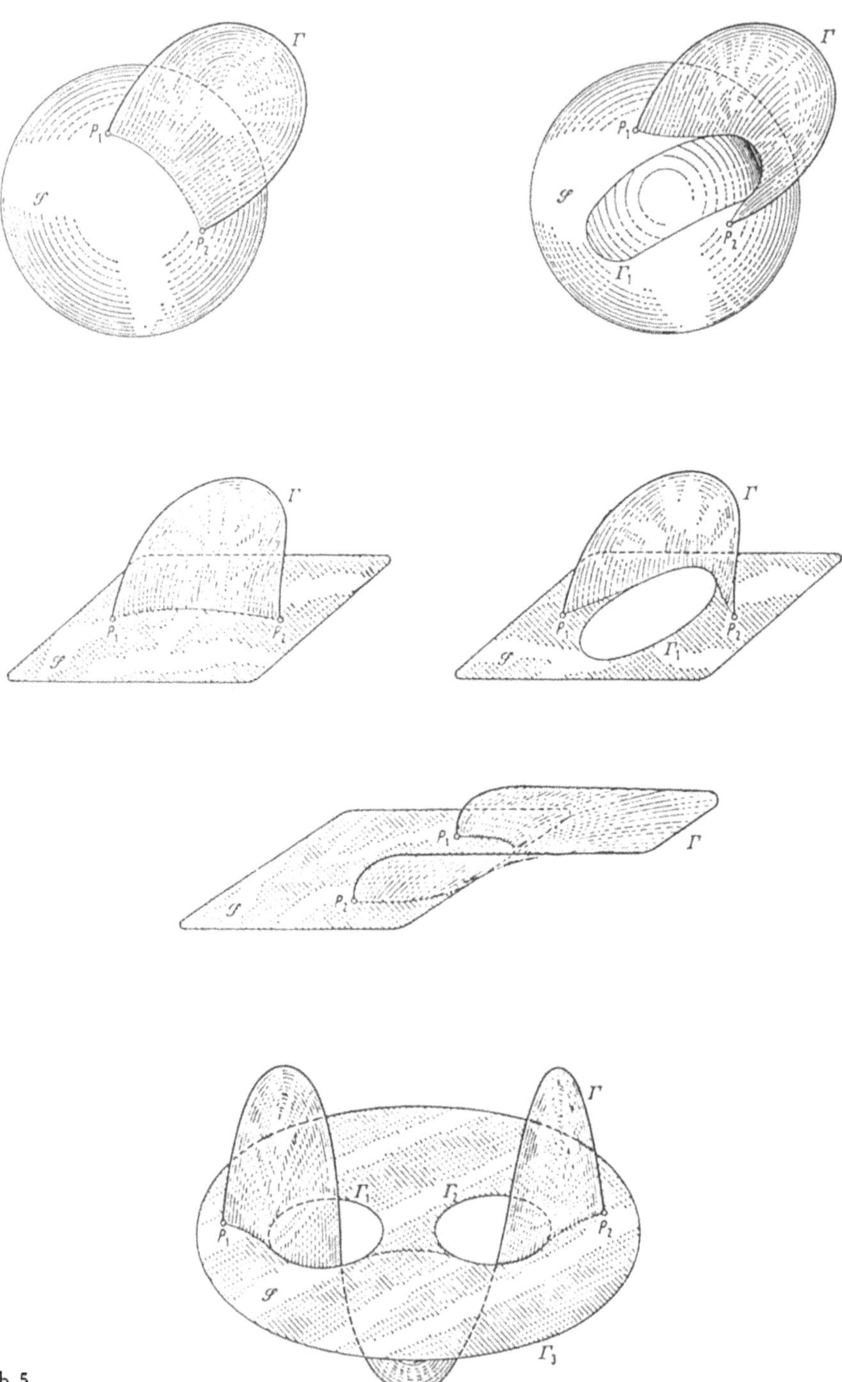

Abb. 5

Platte. An dieser Kante muß die Seifenhaut hängen bleiben. Die Spurkurve Σ ist nun keineswegs beliebig glatt. Sie kann, wie Abb. 4 zeigt, sogar eine Spitze haben. Aber auch in den beiden anderen dort gezeigten Fällen ist sie im allgemeinen nicht einmal von zweiter Ordnung glatt.

Die Abbildung 5 zeigt noch für einige weitere halbfreie Randwertprobleme die Lösungen. Es erweist sich, daß die Flächen kleinsten Inhalts (die Seifenhäute) die Stützflächen in deren Innerem senkrecht schneiden. Dies ist eine *natürliche Randbedingung*, die ebenfalls aus der Gleichung $\delta I(u) = 0$ folgt, wenn man die freie Beweglichkeit der Minimalfläche auf der Stützfläche beachtet. Sie tritt als weitere Bedingung für die stationären Flächen neben die Gleichung $H = 0$.

Es gibt Randkonfigurationen R, bei denen die eingespannten Flächen kleinsten Inhalts regelmäßig Objekte mit Singularitäten sind. Besteht R etwa aus den Kanten eines Tetraeders, so bildet sich beim Seifenhautexperiment als Lösung ein System aus vier Minimalflächen, deren jede an einer anderen Tetraederkante hängt. Je drei von ihnen treffen sich längs einer gemeinsamen Linie und schließen dort paarweise Winkel von 120° ein, und alle vier stoßen in einem Punkt zusammen, wo sie jeweils einen räumlichen Winkel α von ungefähr 109° 30' (genau: tang $\alpha = -1/3$) bilden (siehe Abb. 6). In einem Oktaeder (Abb. 7) sehen Lösungen schon wesentlich kom-

Abb. 6

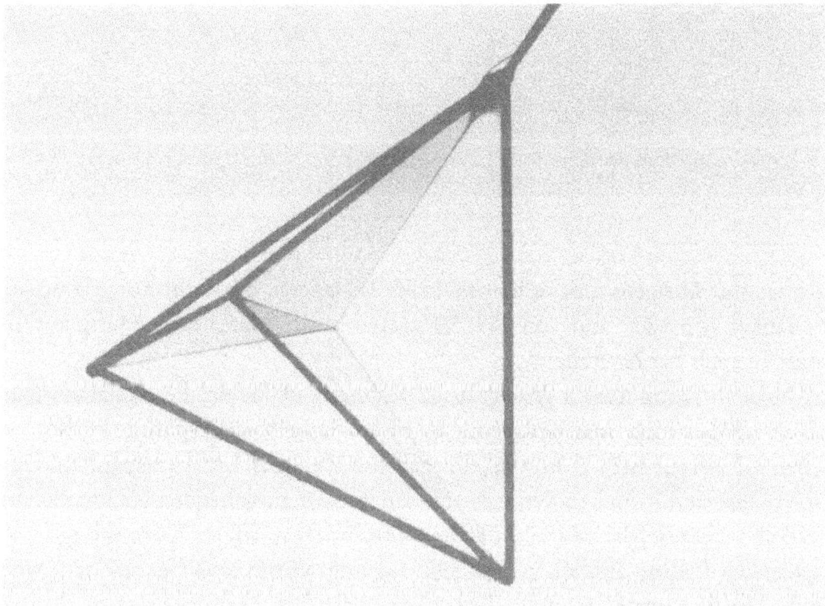

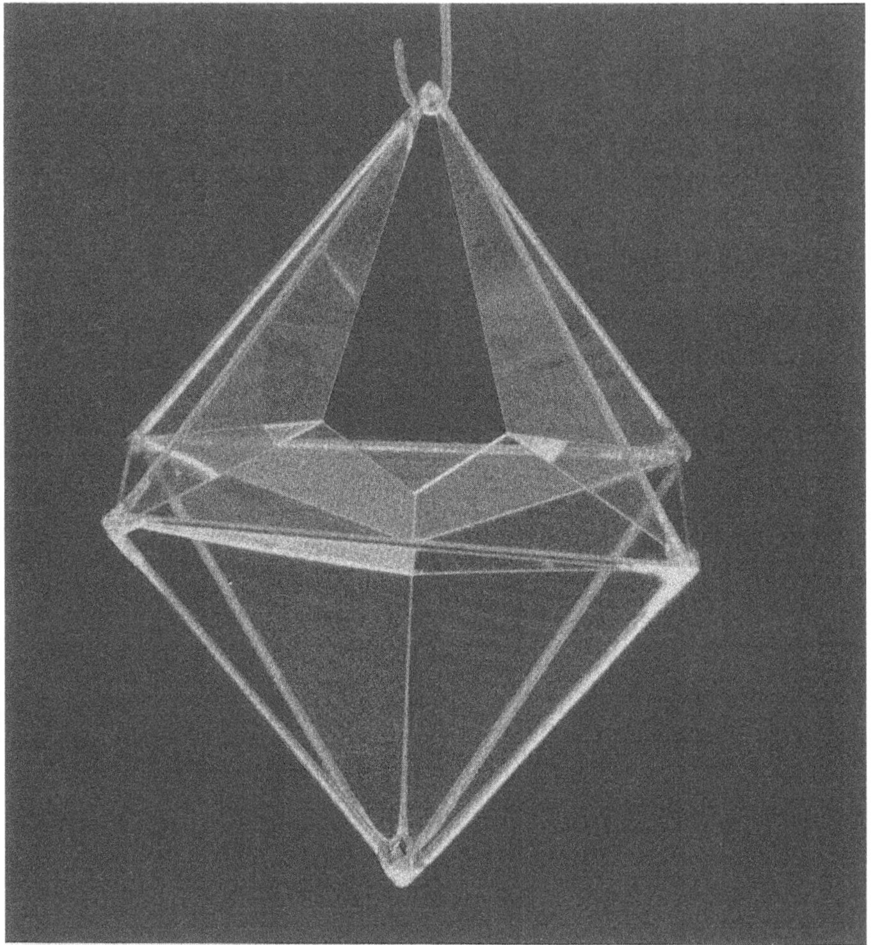

Abb. 7

plizierter aus; übrigens gibt es hier mehrere Lösungen, die nicht kongruent sind. Die Winkel von 120° und von 109° 30' treten in der Natur sehr häufig auf, insbesondere auch bei Kristallen.

Bei dem in Abbildung 8 gezeigten Experiment ist neben die Randbedingung noch eine isoperimetrische Bedingung getreten: das in R eingespannte System von Flächen soll ein gewisses Volumen (eine gewisse Menge an Luft) umspannen. Dementsprechend sitzt zwischen den vier von den Kanten ausgehenden Minimalflächen noch eine Luftblase, die von vier Flächen konstanter mittlerer Krümmung $H \neq 0$ berandet wird. Eine ähnlich aussehende Lösung würde man bekommen, wenn man die geradlinigen Kanten des Tetraeders durch kreisförmige ersetzte (Abb. 9).

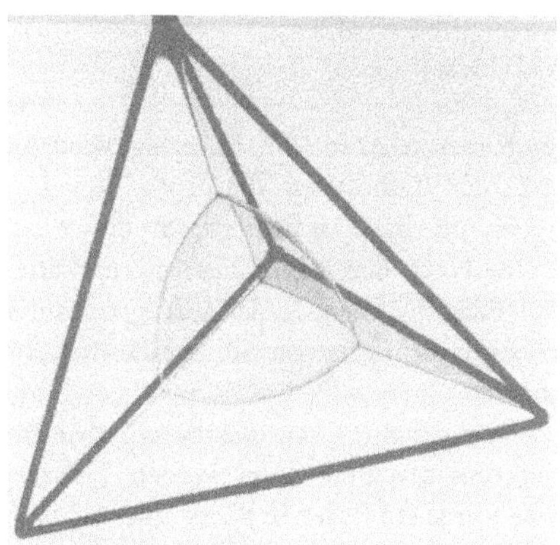

Abb. 8

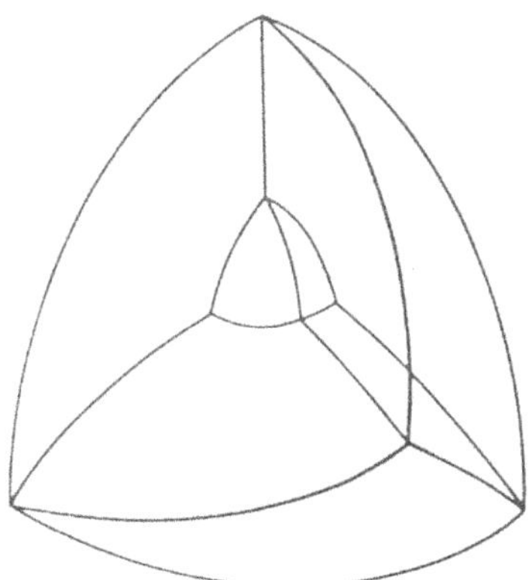

Abb. 9

Abb. 10

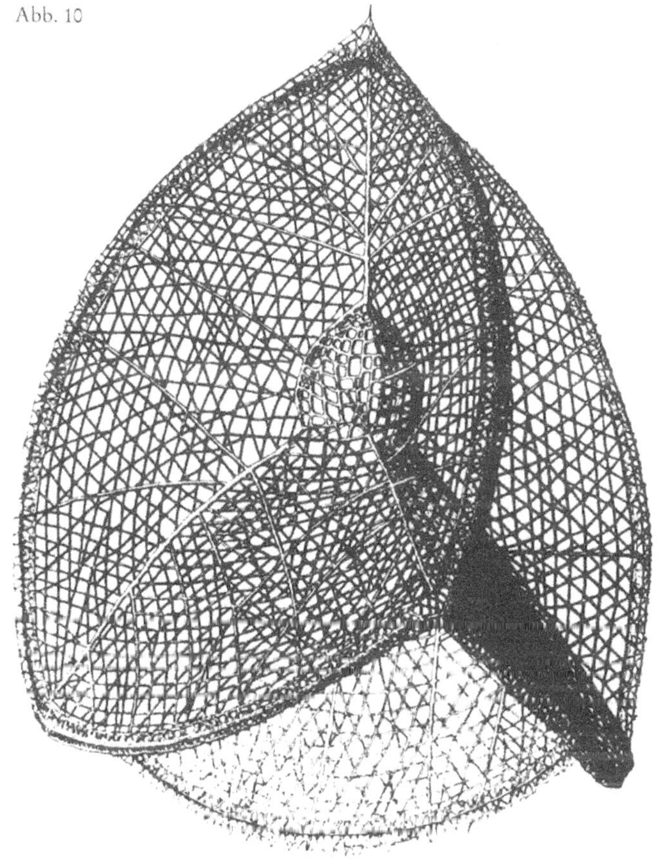

Ein Einzeller namens Callimitra, dessen Kieselskelett in Abb. 10 gezeigt wird, hat eine ganz ähnliche Gestalt. Er gehört zu den Radiolarien, die Ernst Häckel im vorigen Jahrhundert klassifiziert und gezeichnet hat. Das Protoplasma dieser Einzeller enthält viele Blasen und besitzt eine Haut, deren Elastizitätseigenschaften in mancher Hinsicht der von Flüssigkeitshäuten ähnelt. In den flüssigen Kanten dieser Haut sammeln sich vermutlich Einlagerungen von Siliziumdioxyd, aus denen dann das abgebildete Skelett entsteht.

Wiederum andere Randbedingungen können mit unausdehnbaren, aber frei beweglichen Fäden als Teilen der Randkonfiguration erzeugt werden. Nehmen wir etwa eine ebene Seifenhaut. Auf diese werde ein Faden in Form einer Schlaufe gelegt, die an einem Drahtende befestigt ist, das gerade in der Seifenhaut endet. Entfernt man nun vorsichtig die Seifenhaut im Inneren der Schlaufe, indem man sie mit einem Stift zum Platzen bringt, so spannt die verbleibende äußere Seifenhaut den Faden straff und zieht ihn in die Form einer exakten Kreislinie (Abb. 11). Dies zeigt, daß der Kreis unter allen ebenen Kurven gegebener Länge das Gebiet größten Flächeninhalts umschließt*, also das *isoperimetrische Problem* löst, denn nach dem Prinzip der virtuellen Arbeit sucht die äußere Seifenhaut sich so zu verkleinern, daß sie kleinste potentielle Energie – und dies bedeutet kleinsten Flächeninhalt – erlangt. Bewegen wir nun den Draht nach unten und ziehen so

Abb. 11

* Diese Eigenschaft des Kreises war schon im Altertum bekannt, wurde aber erst im vorigen Jahrhundert von K. Weierstraß streng bewiesen.

Abb. 12

Faden samt Seifenhaut aus ihrer ebenen Lage, so nimmt der Faden, abgesehen von seinem Befestigungspunkt am Draht, die Gestalt einer Raumkurve konstanter Krümmung an (Abb. 12). Der Architekt Frei Otto und seine Mitarbeiter an der Technischen Universität Stuttgart haben solche mit Fäden gefertigen Randkonfigurationen benutzt, um mit Minimalflächen Modelle weitgespannter Dächer – Flächentragwerke – zu entwerfen. Beispielsweise wurde das Olympiadach in München, das häufig genug in der Sportschau zu sehen ist, nach diesem Konstruktionsprinzip entworfen. Die Abbildung 13 zeigt drei Entwicklungsphasen des Instituts für leichte Flächentragwerke in Stuttgart: (a) Das Seifenhautmodell; (b) Das tragende Gerüst; (c) Das fertige Institut mit einem Holzdach und einer lichtdurchlässigen Abdeckung des „Auges", das von der Kurve konstanter Krümmung berandet wird.

Der oben beschriebenen *isoperimetrischen Eigenschaft* des Kreises entspricht eine analoge Eigenschaft der Kugel: Diese umspannt unter allen geschlossenen Flächen gleichen Oberflächeninhalts einen Körper größten Volumens. Äquivalent zu dieser Maximumseigenschaft ist die folgende Minimaleigenschaft: Unter allen Körpern gegebenem Volumens hat die Vollkugel die kleinste Oberfläche. Dies ist übrigens ein sehr häufig anzutreffendes Phänomen: Kann man für ein mathematisches Objekt ein Minimalprinzip formulieren, so läßt sich eine *duale Variationsaufgabe* angeben, in der das betrachtete Objekt eine Maximaleigenschaft hat. Wir werden gleich noch ein anderes, ganz elementar zu behandelndes Beispiel für diesen Dualismus kennen lernen. Übrigens sei bemerkt, daß der erste strenge Beweis der isoperimetrischen Eigenschaft der Kugel von H. A. Schwarz aus dem Jahre 1884 stammt.

Abb. 13

a)

b)

Abb. 13c)

3. Noch älter und auch einfacher als das Problem der Flächen kleinsten Inhalts in einer gegebenen Kontur ist die Frage nach der kürzesten Verbindung von endlich vielen Punkten, die in einer Ebene liegen. Diese Aufgabe hat interessante und auch überraschende Lösungen, die vielfach durch elementargeometrische Betrachtungen gewonnen werden können.

Die kürzeste Verbindung zweier Punkte in einer Ebene wird, wie jedermann weiß, durch ihre geradlinige Verbindung geliefert. Etwas komplizierter wird es schon, wenn man zwei Punkte P und Q in einer Ebene betrachtet, die auf einer Seite einer geraden Linie *G* liegen und die durch einen kürzesten Weg verbunden

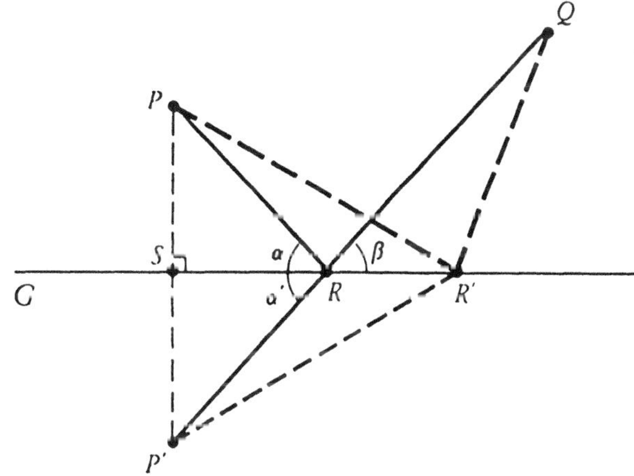

Abb. 14

werden sollen, der über *G* führt. Man denke etwa an einen Cowboy, der von der Weide (P) auf dem kürzesten Wege zum Farmhaus (Q) reiten will, dabei aber sein Pferd noch am Flusse *(G)* tränken möchte. Es gibt genau einen kürzesten Weg, wie man Abbildung 14 entnehmen kann, nämlich einen aus zwei geraden Stücken bestehenden Streckenzug, der mit der Geraden *G* gleiche Einfalls- und Ausfallswinkel bildet ($\alpha = \beta$). Dies ist das wohlbekannte *Reflexionsgesetz,* dem jeder Lichtstrahl folgt, der auf einen ebenen Spiegel fällt, und das auch jeder elastische Massenpunkt (Ball oder Billardkugel) befolgt, der auf eine ebene Wand trifft. Hiermit haben wir für einen gebrochenen Weg, der das Reflexionsgesetz erfüllt, eine Minimaleigenschaft angegeben oder, wie man auch sagt, einen solchen Weg durch ein *Variationsprinzip* (oder auch: *Extremalprinzip*) beschrieben. Das eben dargestellte Variationsprinzip, das bereits dem griechischen Mathematiker Heron (um 100 n. Chr.) bekannt war, ist der bescheidene Vorläufer der wichtigen Variationsprinzipien, die heute in der Physik benutzt werden.

Als nächstes Problem behandeln wir die Frage nach der kürzesten Verbindung von drei gegebenen Punkten in einer Ebene. Diese Aufgabe mitsamt ihren Verallgemeinerungen (nämlich 4, 5, 6, ... Punkte kürzestmöglich zu verbinden) heißt heute *Steinersches Problem**, obwohl sie bereits von Galileis Schüler Torricelli gestellt worden ist. Betrachten wir also drei Punkte A, B, C, die wir als Eckpunkte eines Dreiecks Δ ansehen können. Falls einer der Innenwinkel von Δ größer oder gleich 120° ist, etwa der bei B liegende, so wird, wie erstmals Heinen 1834 bemerkte, die kürzeste Verbindung von ABC durch den Streckenzug gegeben, der aus den beiden geraden Segmenten AB und BC besteht. Sind hingegen alle Innenwinkel von Δ kleiner als 120°, so gibt es genau einen Punkt P – der zudem innerhalb von Δ liegt – mit der Eigenschaft, daß die drei Strecken AP, BP, CP die kürzeste Verbindung der drei Punkte A, B, C liefern. Torricelli wußte, daß sich die Umkreise der über den Seiten von Δ nach außen konstruierten gleichseitigen Dreiecke in P schneiden, und Cavalieri fand heraus, daß *von* P *aus jede Seite von* Δ *unter einem Winkel von* 120° *erscheinen muß.* Simpson (1750) erkannte, daß die drei Geraden, die die Spitzen der von Torricelli betrachteten gleichseitigen Dreiecke mit den gegenüberligenden Ecken von Δ verbinden, sich im Punkte P schneiden (Abb. 15). Die drei Simpsonschen Verbindungslinien sind einander und der kleinsten Entfernungssumme $\overline{AP} + \overline{BP} + \overline{CP}$ gleich. Zur Minimaleigenschaft des „Steinerpunktes" P gesellt sich folgende Maximaleigenschaft von P, die Fasbender 1846 entdeckte: *Die kleinste Entfernungssumme* $\overline{AP} + \overline{BP} + \overline{CP}$ *im Dreieck* Δ *ist gleich dem Maximum der Höhen aller dem Dreieck* Δ *umbeschriebenen gleichseitigen Dreiecke.* Hier finden wir also eine ähnliche Dualität zwischen Maximums- und Minimums-

* Nach dem Schweizer Mathematiker J. Steiner (1796–1863), der an der Universität Berlin lehrte.

Abb. 15

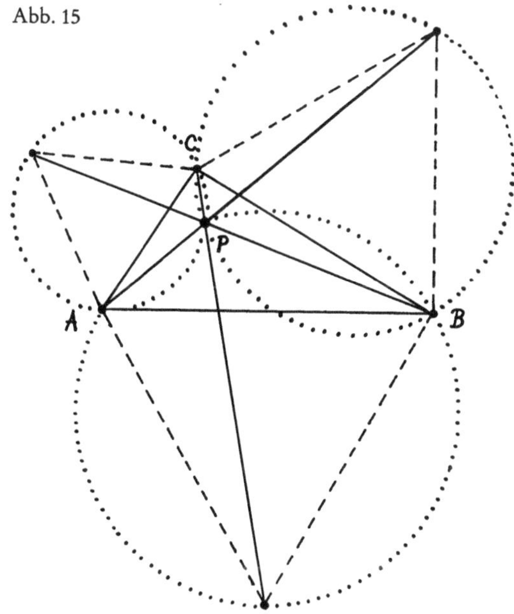

eigenschaft wieder, wie sie uns schon bei der isoperimetrischen Eigenschaft von Kreis und Kugel begegnet ist.

Übrigens kann man die Steinersche Figur mit Hilfe eines Seifenhautexperimentes gewinnen. Dazu nehmen wir zwei Glasplatten, die durch drei gleichlange Stifte, die senkrecht zu ihnen eingesetzt sind, in gleichem Abstand gehalten werden. Tauchen wir diese Konfiguration in Seifenflüssigkeit und ziehen sie danach wieder

Abb. 16

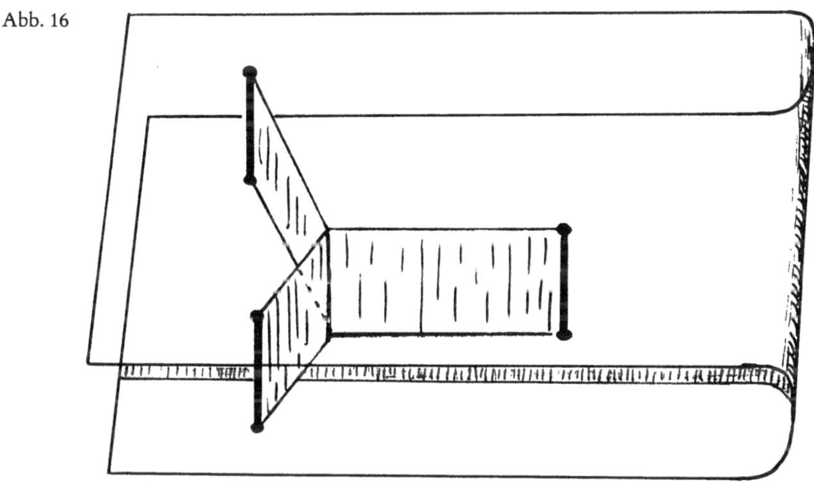

heraus, so bildet sich ein System von drei Seifenhäuten, die auf jeder der beiden Platten senkrecht stehen. Diese Seifenlamellen treffen jede Platte in einem System aus drei geraden Linien, das gerade das minimale Wegsystem für die drei Endpunkte der Stifte auf der betreffenden Platte bildet (Abb. 16).

Wie eben bemerkt, ist das minimale Wegesystem bei drei Endpunkten – genauso wie bei zwei Endpunkten – eindeutig bestimmt. Nehmen wir aber vier oder mehr Endpunkte, so ist im allgemeinen mit mehr als einem minimalen Wegesystem zu rechnen. Wir müssen jetzt sogar zwischen nur stationären Wegesystemen und solchen, die stabil sind, unterscheiden. Die stabilen Wegesysteme liefern absolute oder auch bloß relative Minima des Gesamtweges.

Wählen wir etwa vier Punkte als Eckpunkte eines Quadrates, so finden wir zwei verschiedene, aber zueinander kongruente Wegesysteme (Abb. 17). Ziehen wir das Quadrat etwas auseinander zu einem Rechteck, so erhalten wir zwei minimale Wegesysteme verschiedener Weglänge, ein absolutes und ein relatives Minimum.

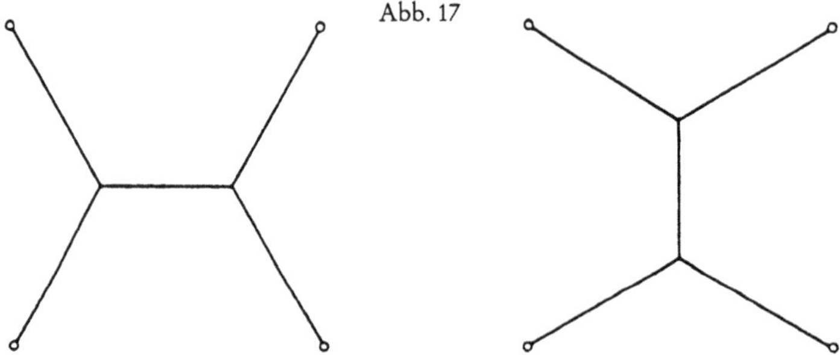
Abb. 17

Betrachten wir allgemeiner ein stabiles (minimales) Wegesystem zu N vorgegebenen Punkten $A_1, A_2, \ldots, A_N$, das n „freie" Knotenpunkte $P_1, P_2, \ldots, P_n$ besitze. Wenden wir nun die Ergebnisse über Minimalwege bei 3 Ecken an, so läßt sich leicht einsehen, daß von jedem Knoten P_j nur zwei oder drei Äste ausgehen können. Gehen zwei Äste aus, müssen diese einen Winkel α mit $120° \leq \alpha < 180°$ einschließen. Sendet ein Knoten drei Äste aus, müssen diese gleiche Winkel von 120° einschließen.

Mit dieser Information wollen wir minimale Wegesysteme zu sechs Punkten $A_1, \ldots, A_6$ untersuchen, welche die Ecken eines regulären Sechseckes der Kantenlänge Eins bilden. Lassen wir von diesem Sechseck eine Kante aus, so entsteht ein minimales Wegesystem der Gesamtlänge 5. Offenbar gibt es sechs verschiedene solcher Systeme, die aber kongruent sind. Ein weiteres stabiles Wegesystem in diesen sechs Punkten zeigt Abbildung 18; dieses hat aber eine größere Weglänge als das zuvor betrachtete, nämlich $3\sqrt{3}$ (> 5,15). Offenbar gibt es zwei

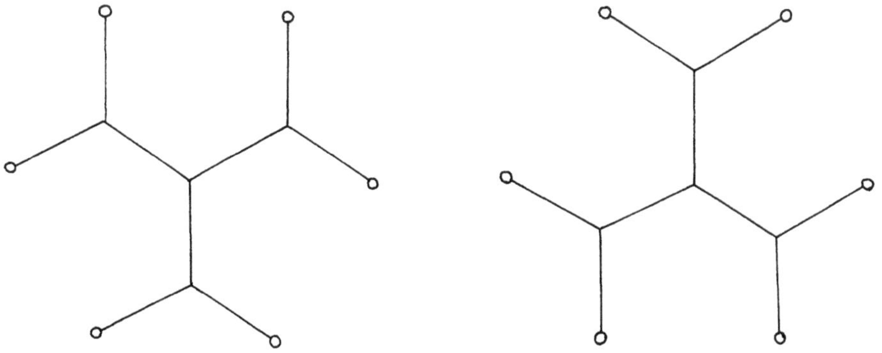

Abb. 18

verschiedene, jedoch kongruente Exemplare solcher Wegesysteme. Schließlich kann man eine ganze Schar von stationären Wegesystemen finden, die alle die Weglänge 6 haben. Zu dieser Schar gehören sowohl das Hexagon *H* mit den Punkten $A_1, \ldots, A_6$ als Ecken als auch der vom Mittelpunkt M des Hexagons *H* ausgehende Wegestern mit den sechs Ästen $MA_1, \ldots, MA_6$, und ferner jedes Wegesystem, das aus einem kleineren, zu *H* ähnlichen Hexagon *H'* mit Eckpunkten $A_1', \ldots, A_6'$ besteht, die auf den Strahlen $MA_1, \ldots MA_6$ liegen, und aus den Ästen $A_1A_1', \ldots A_6A_6'$ (vgl. Abb. 19). Von dieser Schar stationärer Wegesysteme ist jedenfalls der Sechserstern instabil, und die anderen Systeme sind zumindest nicht im strengen Sinn stabil, da sie keine strikten relativen Minima der Weglänge liefern.

Es zeigt sich also, daß mit wachsender Zahl der Eckpunkte $A_1, \ldots, A_N$ nicht nur die Gestalt der minimalen Wegesysteme immer schwerer zu erraten ist, sondern daß auch gar nicht mehr abschätzbar ist, wieviele Minima und wieviele bloß stationäre Systeme sich einstellen können (Abb. 20). Das Problem des kürzesten Verbin-

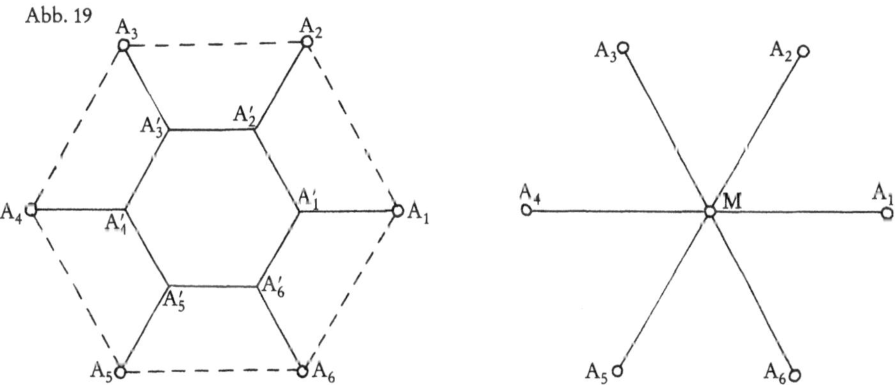

Abb. 19

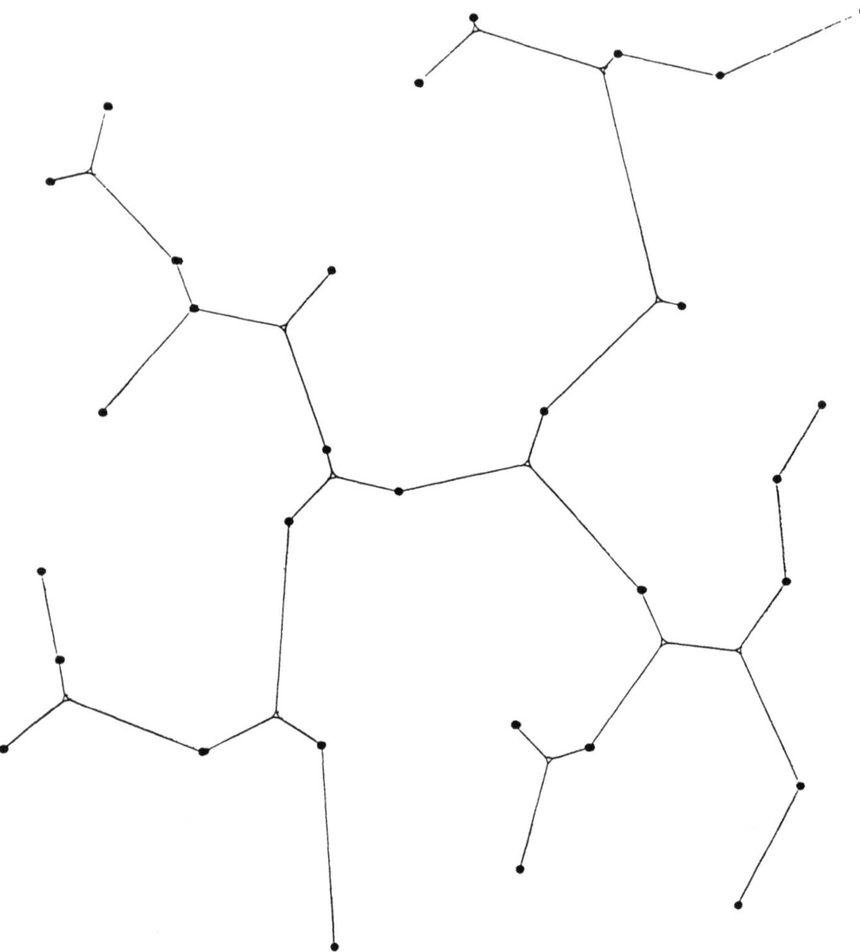

Abb. 20a: Minimalnetz, das 31 Punkte verbindet

dungsnetzes, das beispielsweise auch bei der Frage nach dem Standort neu zu errichtender Industriebetriebe eine Rolle spielt, erweist sich somit als sehr tückisch. Es gibt übrigens auch keine Algorithmen, mit denen man sich bei beliebig vorgegebenen Eckpunkten alle Minimallösungen verschaffen könnte.

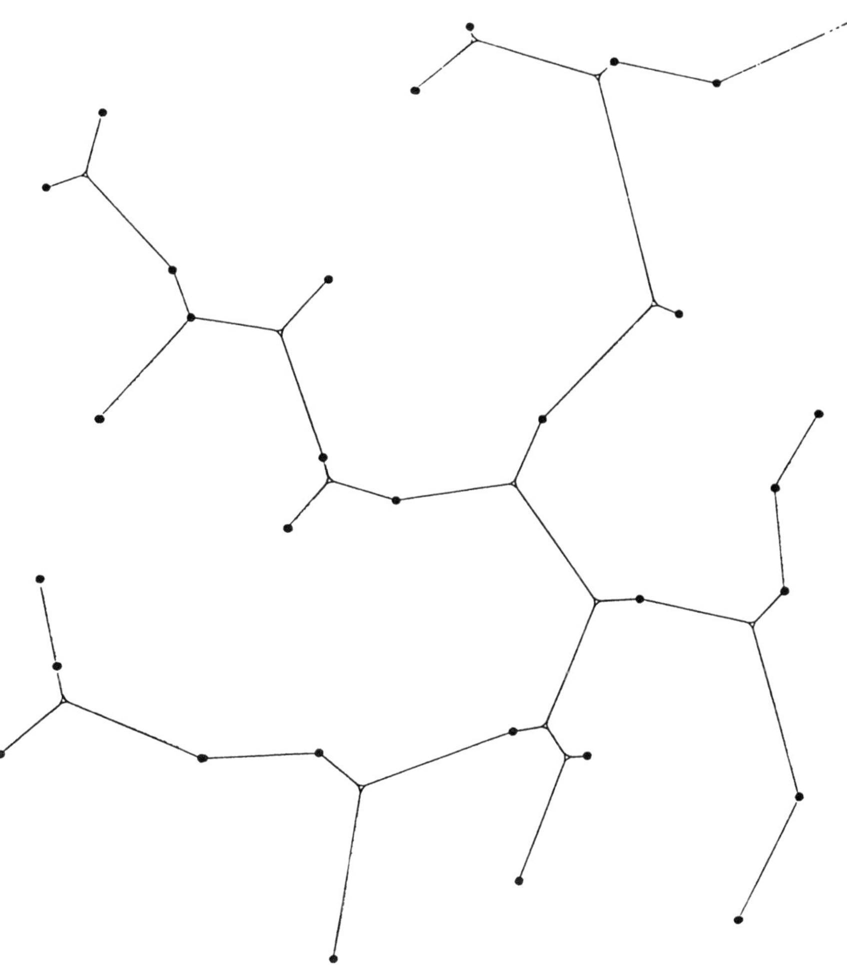

Abb. 20b

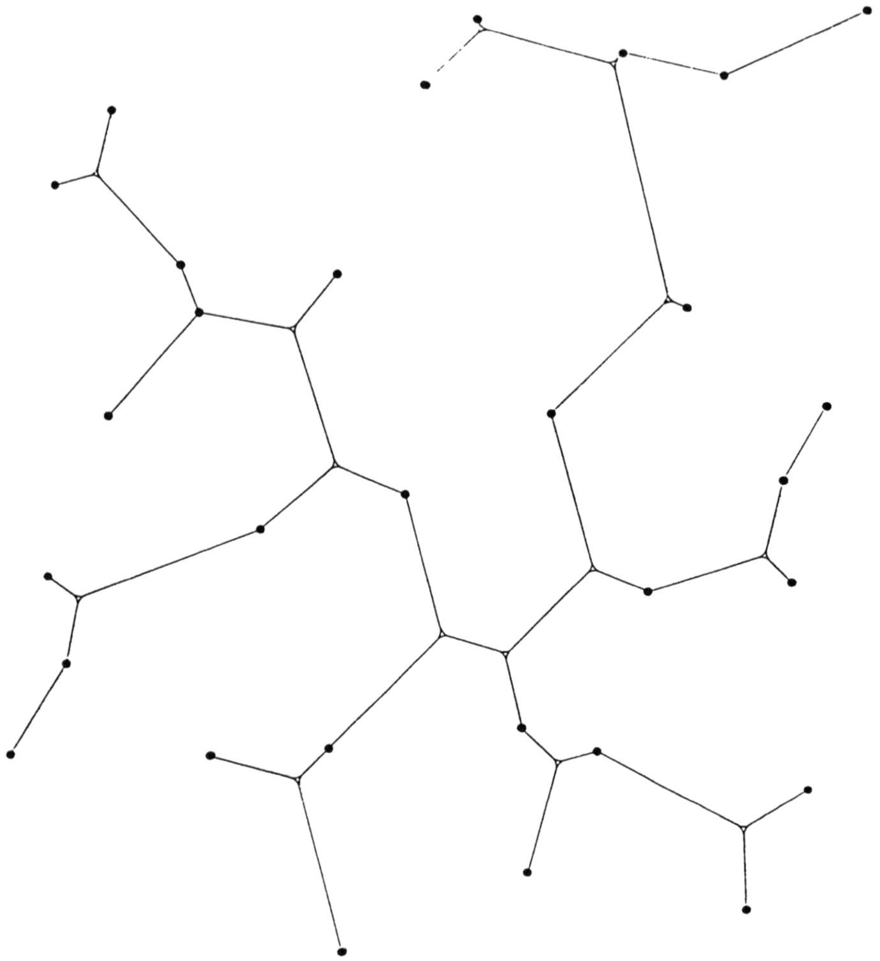

Abb. 20c

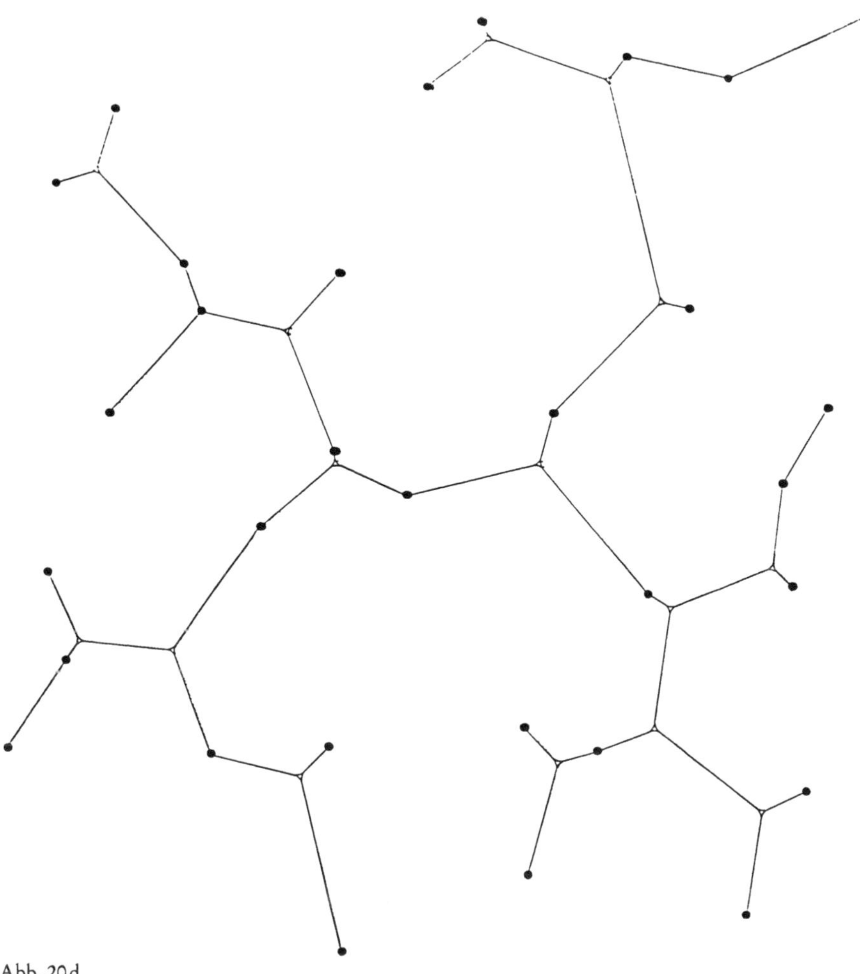

Abb. 20d

4. Die gerade beschriebenen Beispiele zeigen, daß es sehr einfach zu formulierende Variationsaufgaben gibt, die nichtglatte Lösungen haben, und daß solche Lösungen durchaus in der Natur beobachtet werden können. Zur Ehrenrettung der großen Mathematiker des achtzehnten und neunzehnten Jahrhunderts sei gesagt, daß Euler als Zweiundsiebzigjähriger dieses Phänomen der nichtglatten Lösungen entdeckt hat, und zwar nicht an Hand einer physikalischen Beobachtung, sondern beim Studium der Minima für das Integral

$$\int \sqrt{x}\,\sqrt{dx^2+du^2}. \tag{5}$$

Diese Entdeckung aus dem Jahre 1779 überraschte ihn so sehr, daß er von einem *Paradox in der Variationsrechnung* sprach*. Er zeigte, daß bei geeigneten Randbedingungen eine glatte Extremale (d.h. Lösung der Euler-Lagrangeschen Gleichung) existieren kann, während gleichzeitig das absolute Minimum für einen „gebrochenen" Linienzug erreicht wird, der also nicht glatt ist und keine richtige Extremale liefert. Eulers Arbeit erschien erst 1811, und erst 1831 hat Goldschmidt das Eulersche Paradoxon in einer Arbeit „aufgeklärt", mit der er eine von der Göttinger Akademie gestellte Preisaufgabe löste, die Gauß vorgeschlagen hatte. In dieser Arbeit befaßte sich Goldschmidt mit den Rotationsminimalflächen, also mit

Abb. 21

* De insigni paradoxo quod in analysi maximorum et minimorum occurit. Opera omnia, Ser. I, Vol. 25.

denjenigen Flächen mittlerer Krümmung Null, die durch Umdrehung einer Kurve u = u(x) um eine x-Achse entstehen. Sie sind die stationären Punkte des Integrales

$$\int u \sqrt{dx^2 + du^2}.$$

Die zweimal differenzierbaren stationären Punkte dieses Integrals sind gerade die wohlbekannten, durch den hyperbolischen Kosinus beschriebenen *Kettenlinien*, deren Drehflächen die *Katenoide* liefern (Abb. 21). Daneben gibt es gebrochene Minima, die von der in Abbildung 22 angegebenen Gestalt sind, also aus einem Stück der x-Achse und zwei dazu senkrechten geraden Stücken bestehen. Dreht man diesen Streckenzug um die Abszisse, so entstehen zwei Kreisscheiben, die durch das Stück auf der x-Achse wie mit einer Nabelschnur verbunden sind, die einfach weggeschnitten werden kann, weil sie als lineares Gebilde keinen Flächeninhalt besitzt. Die geometrische Deutung ist die folgende. Betrachtet man zwei Kreise K_1 und K_2, die in parallelen Ebenen E_1 und E_2 enthalten sind und deren Mittelpunkte P_1 und P_2 auf einer Geraden G liegen, die E_1 und E_2 senkrecht schneidet, so kann man in die Kreise K_1 und K_2 zwei Kreisscheiben M_1 und M_2 einspannen, die, zusammen genommen, dem Flächeninhalt ein (relatives oder absolutes) Minimum unter allen in der Vereinigung $K_1 \cup K_2$ sitzenden Flächen verleihen. Sind P_1 und P_2 genügend weit von einander entfernt, so gibt es überhaupt kein Katenoid, das K_1 und K_2 als Rand hat. Man kann eine Zahl $a > 0$ finden, so daß für $|P_1 - P_2| > a$ der eben beschriebene Fall vorliegt und daß für $|P_1 - P_2| = a$ genau ein Katenoid in $K_1 \cup K_2$ sitzt, während für $|P_1 - P_2| < a$ zwei Katenoide in $K_1 \cup K_2$ eingespannt werden können, von denen eines stabil, das andere instabil ist. Hierin spiegelt sich erneut der Satz wider, daß zwischen zwei Talpunkten, dem stabilen Katenoid und der Vereinigung der beiden Kreisscheiben M_1 und M_2, ein Sattelpunkt liegen muß, nämlich das instabile Katenoid. Ferner

Abb. 22

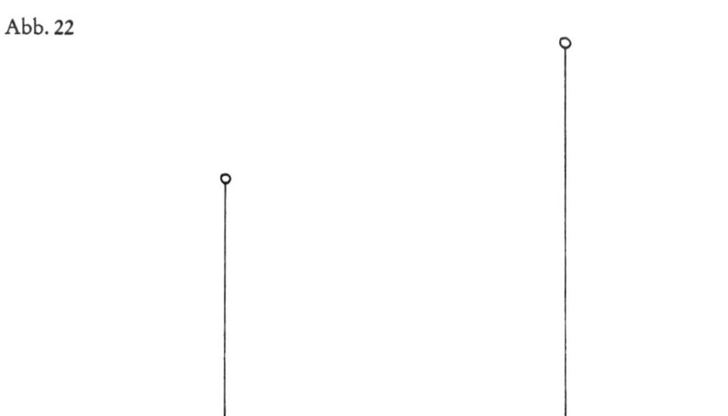

gibt es eine Zahl b mit $0 < b < a$ derart, daß für $|P_1 - P_2| < b$ das stabile Katenoid das absolute Minimum des Flächeninhaltes liefert und $M_1 \cup M_2$ nur ein relatives Minimum gibt, während für $b < |P_1 - P_2| < a$ die Rollen vertauscht sind. Für $|P_1 - P_2| = b$ haben beide denselben Flächeninhalt und liefern deshalb beide ein absolutes Minimum.

Es ist in diesem Zusammenhang bemerkenswert, daß Euler nicht mit dem Auftreten von Objekten gerechnet hat, die im Integralgebirge den Sattelpunkten entsprechen. Für ihn waren alle stationären Stellen entweder Minima oder Maxima. Wollte er die Extrema eines Integrales I bestimmen, so löste er die zugehörige Euler-Lagrangesche Differentialgleichung. Fiel beispielsweise der Wert von I in einem von der Lösung u verschiedenen Punkt größer als I(u) aus, so war für ihn u ein absolutes Minimum. Euler dachte nicht daran, daß es sich bei der Lösung auch um ein relatives Minimum oder gar um einen Sattelpunkt handeln könnte, was ja bei einem Schweizer Mathematiker besonders wundert. (Wir können uns dies höchstens so erklären, daß Euler schon als Neunzehnjähriger Basel verlassen und danach immer im Flachland von Berlin und St. Petersburg gelebt hat.)

5. Wir haben gesehen, daß das Auftreten von nichtglatten Lösungen höchst natürlich ist und unter Umständen mit einem wichtigen geometrischen Phänomen verbunden sein kann. So zerreißt das Katenoid, wenn man die beiden Randkreise genügend weit auseinander bewegt, und geht in eine nichtzusammenhängende Lösung, die beiden Kreisscheiben, über.

Eine ähnliche Bedeutung dürfte das Auftreten von Singularitäten bei Lösungen von Variationsproblemen in der Elastizitätstheorie haben. Diese Erscheinungen sind aber noch wenig untersucht.

Überlegen wir nun, warum die *Existenz von Lösungen einer Extremalaufgabe* ein wichtiges und keineswegs triviales Problem ist. Wir bemerken zunächst, daß sich nahezu alle physikalischen Phänomene als Variationsaufgaben formulieren lassen, oder anders ausgedrückt: Physikalische Theorien benutzen Variationsprinzipien, um Bewegungsabläufe oder Gleichgewichtszustände zu beschreiben. Um eine physikalische Theorie, die ja ein *Modell* für eine Klasse von Phänomenen liefern soll, wäre es aber schlecht bestellt, wenn man nicht wenigstens sicherstellen könnte, daß die Theorie widerspruchsfrei ist und daß es Objekte gibt, die von der Theorie beschrieben werden. Die zur Theorie gehörenden Variationsprinzipien sollten also zumindest Lösungen haben.

Nun mag die Existenz von stationären Punkten in einem Integralgebirge als selbstverständlich erscheinen. Daher wollen wir einige Beispiele betrachten, die zur Vorsicht mahnen. Beginnen wir mit Lord Peter Wimsey, der einen Toten entdeckt hat und den Mörder überführen will. Durch Indizien kreist er die Verdächtigen ein, so wie der Mathematiker aus allen Punkten die extremwertverdächtigen durch das Kriterium der horizontalen Tangentialebene herausfindet. Dann sondert Wimsey unter allen Verdächtigen den mit keinem oder dem schlechtesten Alibi aus, so wie Euler den stationären Punkt mit dem kleinsten Integralwert ausgewählt hätte. Gäbe es nun einen Mörder, so hätte ihn Wimsey sicherlich überführt, vorausgesetzt, daß die zusammengetragenen Indizien schlüssig wären, und ganz entsprechend hätte Euler den tiefsten Punkt im Integralgebirge gefunden – falls ein solcher Punkt existierte. Wäre der Tote aber durch Selbstmord oder einen Unglücksfall ums Leben gekommen, so hätte der Detektiv einen Unschuldigen des Mordes bezichtigt – der Indizienbeweis hätte versagt. Ähnlich wäre Euler einem Fehlschluß erlegen, wenn es gar kein absolutes Minimum gäbe!

Zu welch absurden Behauptungen wir auf diese Weise kommen können, zeigt das folgende, von Perron angegebene Beispiel. Angenommen, in der Menge der natürlichen Zahlen 1, 2, 3, ... gäbe es eine größte Zahl, die wir dann mit n bezeichnen wollen. Wäre $n > 1$, so folgte $n^2 > n$, und da auch n^2 eine natürliche Zahl ist, hätten wir eine solche Zahl gefunden, die n noch überträfe. Also wäre n doch nicht die größte natürliche Zahl, womit bloß noch die Möglichkeit $n = 1$ übrig bliebe. Also ergäbe sich aus der Existenz einer größten natürlichen Zahl, daß $n = 1$ die größte solche Zahl wäre, was offenbar nicht stimmt.

Gegen beide Beispiele ließe sich, obwohl sie logisch korrekt sind, einwenden, daß sie etwas obskur sind. „Geometrisch vernünftige" Probleme, könnte man meinen, haben stets eine Lösung. Abgesehen davon, daß der Begriff „geometrisch vernünftig" reichlich verschwommen wirkt, läßt sich auch diese Behauptung leicht widerlegen. Betrachten wir etwa alle Flächen, die über einer Ebene E liegen, von einer in E gelegenen Kreislinie K berandet werden und zudem durch einen Punkt P gehen, der von E den Abstand Eins hat und gerade den Mittelpunkt M von K als Fußpunkt seines Lotes auf E besitzt. Dann versuchen wir, in der Klasse *C* dieser Flächen eine solche mit kleinstem Flächeninhalt zu finden. Wir behaupten, daß dieses Problem keine Lösung hat. Dazu müssen wir bloß einsehen, daß der Inhalt jeder zulässigen Fläche größer ist als der Flächeninhalt A der von K berandeten Kreisscheibe B, und ferner, daß man eine Folge von zulässigen Flächen F finden kann, deren Inhalt der Zahl A beliebig nahe kommt. Diese Flächen verschafft man sich, indem man aus B eine konzentrische Kreisscheibe B′ von kleinerem Radius herausnimmt und durch einen Kegel der Höhe Eins ersetzt.

Verblüffender noch ist das folgende Beispiel. Wir nehmen eine Nadel gegebener Länge und betrachten alle ebenen offenen Mengen M, in denen die Nadel einmal um 360° gedreht werden kann. Zu bestimmen ist diejenige Menge M, die den kleinsten Flächeninhalt hat. Dieses von dem Japaner Kakeya vorgeschlagene Problem kann gewiß den Anspruch erheben, geometrisch vernünftig zu sein, und lange glaubte man auch die Lösung zu kennen, nämlich eine gewisse dreispitzige Hypozykloide. Schließlich bewies Besicovitch (1927), daß es ebene Figuren beliebig kleinen Inhalts gibt, in denen die Nadel um 360° gedreht werden kann. Mit anderen Worten: Kakeyas Problem hat keine Lösung. Damit ist vielleicht hinreichend begründet, warum die Existenzfrage für Extremalprobleme keineswegs eine so triviale Angelegenheit ist, wie dies auf den ersten Blick erscheinen mag.

6. Im Jahre 1900 formulierte David Hilbert auf dem Internationalen Mathematikerkongreß in Paris eine Liste von 23 mathematischen Problemen, die er für die weitere Entwicklung der Mathematik als wesentlich ansah. Von diesen Problemen befassen sich drei mit der Variationsrechnung, und unter diesen formulieren zwei die Frage nach der Existenz und Regularität von Lösungen für Extremalaufgaben, nämlich die Probleme 19 und 20. Sie lauten:

Problem 19. *Sind die Lösungen regulärer Variationsprobleme stets analytisch?*

Problem 20. *Allgemeines Randwertproblem: ... Ich bin überzeugt, daß es möglich sein wird, diese Existenzbeweise durch einen allgemeinen Grundgedanken zu führen, auf den das Dirichletsche Prinzip hinweist, und der uns dann vielleicht in den Stand setzen wird, der Frage näher zu treten, ob nicht jedes reguläre Variationsproblem eine Lösung besitzt, sobald hinsichtlich der gegebenen Grenzbedingungen gewisse Annahmen ... erfüllt sind und nötigenfalls der Begriff der Lösung eine sinngemäße Erweiterung erfährt.*

Mit diesen beiden Problemen gelang es Hilbert, die Entwicklung eines beträchtlichen Teiles der mathematischen Analysis vorzuzeichnen. Im Kommentar zu Problem 20 sagt Hilbert sinngemäß, es sei gar nicht klar, in welcher Klasse von Objekten die Lösung eines Extremalproblems zu suchen ist. Also verwässere man den Begriff „Lösung“ so sehr, daß möglichst allgemeine Objekte als Lösungen (oder Extremalpunkte) in Frage kommen. Dann sollte es nicht schwer sein, „verallgemeinerte Lösungen“ zu konstruieren. Anschließend zeige man, daß bei vernünftigen Extremalaufgaben – Hilbert hatte dabei Integrale mit reell analytischen Integranden im Sinn – die Lösungen gutartig (analytisch) sind. Richard Courant hat diesen Vorschlag mit der Einführung des Papiergeldes durch Mephisto in Faust, zweiter Teil, verglichen:

„*Ein solch Papier, an Gold und Perlen Statt,*
Ist so bequem, man weiß doch, was man hat!
Man braucht nicht erst zu markten noch zu tauschen,
Kann sich nach Lust in Lieb' und Wein berauschen;
Will man Metall, ein Wechsler ist bereit, ...“

Marschall, Heeresmeister, Kaiser – alle sind glücklich, die Schulden beglichen, das Heer bezahlt, die Wirtschaft floriert, bloß den Kaiser wundert es:

„Und meinen Leuten gilt's für gutes Gold?"
Mephisto beschwichtigt die Zweifel: Schließlich sei alles gedeckt, Gold gebe es im Lande zur Genüge, man brauche bloß den Schmuck zu verauktionieren oder schlimmstenfalls ein Weilchen nach Gold zu graben. Dann könne jeder, der es wünsche, sein Papiergeld gegen Gold eintauschen.
Hilberts Vorschlag ist ähnlich: Man löse ein Problem, indem man Papiergeld – die verallgemeinerten Funktionen – benutzt. Mit den „verallgemeinerten (oder schwachen) Lösungen" läßt sich wie mit Papiergeld bequem hantieren. Wünscht man sich gute, also genügend glatte Lösungen, so muß man schlimmstenfalls etwas graben, also einen *Regularitätsbeweis* führen, und kann dann das Papiergeld gegen Gold, die verallgemeinerte Lösung gegen eine reguläre Lösung eintauschen.

Dieser Vorschlag erwies sich als äußerst erfolgreich und hat die mathematische Entwicklung sehr vorangetrieben. Begriffe wie „Sobolevräume von Funktionen" und „Distributionenräume" sind unentbehrliche Hilfsmittel geworden. Die Funktionalanalysis hat vielfältige Methoden entwickelt, um mit diesen Hilfsmitteln verallgemeinerte Lösungen von Extremalproblemen und von Differentialgleichungen zu gewinnen. Daneben ist eine Regularitätstheorie entstanden, die in vielen wichtigen Fällen schwache Lösungen tatsächlich als regulär erweist. Bei linearen Euler-Lagrange-Gleichungen elliptischen Typs ist die Regularitätstheorie völlig zufriedenstellend: alle schwachen Lösungen ergeben sich als regulär. Diese Entwicklung ist mit den Namen Serge Bernstein, Leon Lichtenstein, Hans Lewy, Juliusz Schauder, Eberhard Hopf vor dem 2. Weltkrieg und vielen anderen danach verbunden. Bei nichtlinearen Euler-Lagrange-Gleichungen zeigte es sich als viel schwerer, Regularitätsbeweise für schwache Lösungen zu liefern. Wichtige Teilergebnisse fanden Charles B. Morrey (1938) sowie John Nash und Ennio De Giorgi (1957), doch der allgemeine Fall entzog sich dem Zugriff. Allerdings war Anfang der sechziger Jahre die Meinung weitverbreitet, daß der alle Fälle umfassende Regularitätsbeweis nicht mehr lange auf sich warten lassen und damit Hilberts Problem 19 völlig gelöst sein würde. Zur allgemeinen Überraschung publizierten De Giorgi, Giusti und Miranda 1968 Beispiele von Variationsintegralen, die Hilberts Grundannahme erfüllen und deren stationäre Punkte doch nicht glatt, ja sogar unstetig sind. Dieses Phänomen läßt sich ganz überzeugend mit einem sehr einfachen Beispiel erklären, das vor etwa zehn Jahren gefunden wurde. Dazu betrachten wir Abbildungen $u : \Omega \to \mathbb{R}^n$ eines beschränkten offenen Gebietes des n-dimensionalen Euklidischen Raumes $\mathbb{R}^n$, die in den $\mathbb{R}^n$ zielen, und wählen als zu minimierendes Integral das sogenannte *Dirichletintegral*

(6) $$\int_\Omega |Du|^2 \, dx,$$

als dessen Euler-Lagrangesche Gleichung sich die sogenannte *Potentialgleichung*

(7) $\Delta u = 0$

ergibt. Sucht man nun das Integral (6) in der Klasse von Funktionen, die fest vorgegebene Randwerte auf dem Rand von Ω haben, zum Minimum zu machen, so stellt sich heraus, daß dieses Minimumproblem genau eine Lösung hat. Diese Lösung ist beliebig glatt, sogar reell analytisch, erfüllt die Gleichung (7) und nimmt die vorgeschriebenen Randwerte in stetiger und beliebig glatter Weise an.

Wandeln wir dieses Beispiel nun so ab, daß wir statt Abbildungen

$$u : \Omega \to \mathbb{R}^n$$

jetzt Abbildungen vom Typ

$$u : \Omega \to S^n$$

wählen, also den linearen Bildraum $\mathbb{R}^n$ durch die n-dimensionale (gekrümmte) Sphäre

$$S^n = \{u \in \mathbb{R}^{n+1} : |u| = 1\}$$

ersetzen, so lautet die Euler-Lagrangesche Gleichung nunmehr

(8) $-\Delta u = u\,|Du|^2.$

Wählen wir noch Ω als die n-dimensionale Vollkugel $\Omega = \{x \in \mathbb{R}^n : |x| < 1\}$ und suchen das Dirichletintegral (6) in der Klasse von Abbildungen zu minimieren, die auf dem Rand $\delta\Omega$ von Ω die Randwerte $u(x) = (x, 0)$ haben, so zeigt sich, daß es für $n \geq 7$ zwar eine singuläre Lösung des Minimumproblems gibt, nämlich

$$u(x) = \left(\frac{x}{|x|}, 0\right), \quad x = (x^1, \ldots x^n),$$

daß aber keine glatte Lösung existiert. Überdies existiert nicht einmal ein glatter stationärer Punkt, und auch das nichtlineare elliptische System (8) besitzt keine glatte Lösung in Ω mit den vorgeschriebenen Randwerten auf Ω.

Um also das Mephistobeispiel noch einmal zu bemühen: Der Teufel hält einige Überraschungen bereit – nicht jeder Geldschein ist durch Gold gedeckt. *Mit dem Auftreten von Singularitäten* (im obigen Beispiel ist dies die irreguläre Stelle $x = 0$) *muß gerechnet werden.* Die von Leibniz ins Auge gefaßte prästabilierte Harmonie unserer Welt ist jedenfalls nicht so zu verstehen, daß, wie Leibniz meinte, alle Naturereignisse durch analytische Funktionen zu beschreiben wären. Für die hyperbolische Wellengleichung

$$u_{tt} - \Delta u = 0$$

hatte dies bereits Euler als falsch erkannt. Das „Leibnizsche Dogma" gilt aber nicht einmal in dem von Hilbert in seinem Problem 19 formulierten Sinne. Es ist nicht wahr, daß jede reguläre (in der heutigen Terminologie: elliptische) Aufgabe der Variationsrechnung – selbst bei glatt vorgegebenen Daten und Nebenbedingungen – eine glatte oder gar analytische Lösung besitzt.

7. Wir haben gesehen, daß das Hilbertsche Programm der Probleme 19 und 20 nach vielen Erfolgen auf Schwierigkeiten gestoßen ist, die in der Natur der Sache liegen und ihren Ursprung nicht bloß in mangelhaft entwickelter mathematischer Technik haben. So wirksam die Methode ist, zunächst schwache Lösungen mit Hilfe funktionalanalytischer, maßtheoretischer und topologischer Verfahren zu konstruieren, so ernüchternd ist die Erfahrung, daß die stationären Punkte und selbst die Extreme regulärer (elliptischer) Variationsprobleme und ganz ähnlich die Lösungen nichtlinearer Systeme elliptischer partieller Differentialgleichungen Singularitäten haben können. Daher stellen sich die folgenden Fragen:

(i) *Wie lassen sich Variationsprobleme charakterisieren, deren Lösungen singularitätenfrei sind? Kann man zumindest umfangreiche, für Geometrie und Physik interessante Klassen von Extremalaufgaben formulieren, die singularitätenfreie Lösungen besitzen?*

(ii) *Wie läßt sich die „Größe" der Singularitätenmenge durch Verwendung geeigneter Maße abschätzen? Besitzen die Singularitätenmengen, zumindest für gewisse wohldefinierte Klassen von Variationsaufgaben, eine bestimmte geometrische, analytische oder gar algebraische Struktur? Wie verhalten sich schwache Lösungen in der Nähe von Singularitäten? Welche Singularitäten sind hebbar? Wie ändern sich Singularitäten, wenn man die Daten des betrachteten Variationsproblems variiert?*

Auf all diese Fragen sind erste und noch sehr vorläufige Antworten erkennbar, für die wir auf die angegebene Literatur verweisen. Ohne Fortschritte auf diesem Gebiet ist nicht zu sehen, wie man bei einem anderen Fragenkreis weiterkommen kann, der für die Variationsrechnung und allgemeiner für Probleme der nichtlinearen Analysis von zentraler Bedeutung ist:

(iii) *Wie viele Lösungen hat eine Variationsaufgabe? Kann man allgemeiner die Struktur des Lösungsraumes in Abhängigkeit von den Daten des betrachteten Problems beschreiben derart, daß sich erkennen läßt, wie sich Lösungen verändern, wenn man Daten variiert? (Von besonderem Interesse ist hierbei die Änderung der topologischen Natur von Lösungen.)*

Mit der von Marston Morse entwickelten *Morsetheorie* steht im Prinzip ein Hilfsmittel bereit, das zur Beantwortung der Fragen von (iii) führen sollte. Leider konnte es aber bislang nur beim Problem der *geodätischen Linien* in Mannigfaltigkeiten (den stationären Punkten des Längenfunktionals bzw. des eindimensionalen Dirichletintegrals) uneingeschränkt eingesetzt werden, da eindimensionale Probleme vom analytischen Standpunkt aus vergleichsweise harmlos sind. Inzwischen haben sich aber auch erste Erfolge bei Minimalflächen und verwandten geometrischen Objekten gezeigt, und es ist zu hoffen, daß sich zumindest für diese geometrischen Fragen eine vollständige Morsetheorie entwickeln lassen wird.

Ich hoffe, mit diesen wenigen und dazu sehr begrenzten Ausblicken auf die Variationsrechnung gezeigt zu haben, daß es sich bei dieser Theorie - trotz ihres hohen Alters - um ein sehr lebendiges Gebiet der Mathematik handelt, das eine Fülle ungelöster Probleme von großem Reiz bietet. Es scheint mir sogar nicht unberechtigt zu sagen, daß die Variationsrechnung, ungeachtet aller Erfolge, gerade erst aus dem Kindesalter herausgewachsen ist.

Literaturhinweise

[1] F. Almgren, Existence and regularity almost everywhere of solutions to elliptic variational problems with constraints, Memoirs of the Amer. Math. Soc. *4*, No. 165 (1976).

[2] J. M. Ball, editor, Systems of nonlinear partial differential equations, NATO ASI series, Series C, No. 111, Proc. of NATO Adv. Study Inst. Oxford 1982, Reidel Publ., Dordrecht-Boston-Lancester 1983.

[3] M. Giaquinta, Multiple integrals in the calculus of variations and nonlinear elliptic systems, Annals of Math. Studies, Princeton Univ. Press 1983.

[4] D. Gilbarg and N. Trudinger, Elliptic partial differential equations of second order, Springer, Heidelberg-New York 1977.

[5] D. Hilbert, Mathematische Probleme, Archiv f. Math. und Phys. 3. Reihe, Bd. 1, 44–63, 213–237 (1901), und: Ges. Abhandl. Bd. 3, Springer, 290–329 (1935).

[6] S. Hildebrandt, Nonlinear elliptic systems and harmonic mappings, Proc. 1980 Beijing Symp. on Diff. Geom. and Diff. Equ. Vol. 1, 481–615, Science Press, Beijing 1982.

[7] S. Hildebrandt, Calculus of Variations Today, reflected in the Oberwolfach meetings. In: Perspectives in mathematics, ed. by W. Jäger, J. Moser, R. Remmert, Birkhäuser Verlag, Basel-Boston-Stuttgart 1983, 321–336.

[8] S. Hildebrandt and A. Tromba, Mathematics and Optimal Form, Scientif. Amer. Library, W. H. Freeman and Co., New York 1985.

[9] O. A. Ladyschenskaja and N. N. Uralzewa, Linear and quasilinear elliptic equations, Acad. Press, New York and London 1968.

[10] C. B. Morrey, Multiple integrals in the calculus of variations, Springer, Berlin-Heidelberg-New York 1966.

[11] J. C. C. Nitsche, Vorlesungen über Minimalflächen, Springer, Berlin-Heidelberg-New York 1975.

[12] L. Simon, Lectures on Geometric Measure Theory, Centre for Math. Anal., Austral. Nat. Univ. vol. 3, 1983, Canberra.

Bildnachweis

Abb. 2: H. A. Schwarz, Gesammelte Mathematische Abhandlungen, Bd. I, Springer 1890. R. Courant and H. Robbins, Was ist Mathematik? Springer-Verlag, Heidelberg-Berlin-New York, 1967.

Abb. 3, 4, 9, 14: S. Hildebrandt and A. Tromba, Mathematics and Optimal Form, W. H. Freeman & Co., New York, 1985.

Abb. 5: S. Hildebrandt and J. C. C. Nitsche, A uniqueness theorem for surfaces of least area with partially free boundaries on obstacles, Archive for Rational Mechanics and Analysis 79, 189–218 (1982).

Abb. 6, 8, 11, 12, 13, 21: Bildarchiv. Inst. für Leichte Flächentragwerke Universität Stuttgart.

Abb. 10: E. Haeckel, Reports of the Scientific Results of H. M. S. Challenger, London 1881–89.

Abb. 20: B. Winkel und J. Kron, Minimalwegenetze mit vielen Knoten, Studienarbeit 2/1985, Inst. für Leichte Flächentragwerke, TU Stuttgart.

Veröffentlichungen der Rheinisch-Westfälischen Akademie der Wissenschaften

Neuerscheinungen 1980 bis 1986

Vorträge N Heft Nr.		NATUR-, INGENIEUR- UND WIRTSCHAFTSWISSENSCHAFTEN
292	*Günther Gerisch, Basel*	Periodische Enzymaktivierung als Kontrollfaktor multizellulärer Entwicklung
	Jens Blauert, Bochum	Neuere Ergebnisse zum räumlichen Hören
293	*Franz Grosse-Brockhoff, Düsseldorf*	Herzbehandlung mit dem ‚Fingerhut' einst und jetzt
294	*Norbert Kloten, Stuttgart*	Das Europäische Währungssystem. Eine europäische Grundentscheidung im Rückblick
295	*Karl Schindler, Bochum*	Die Magnetosphäre der Erde und ihre Dynamik
296	*Eugene P. Cronkite, New York*	The hungry granulocyte – Its fate and regulation of production
297	*Volker Aschoff, Aachen*	Aus der Geschichte der Telegraphen-Codes
	Hans Dieter Lüke, Aachen	Moderne Probleme der Nachrichten-Codierung
298	*Karl Kremer, Düsseldorf*	Kunststoffe in der Chirurgie
	Gerd Meyer-Schwickerath, Essen	Augenoperationen in mikroskopischen Dimensionen
299	*Wolfgang Backé, Aachen*	Die Rolle der Fluidtechnik bei der Entwicklung neuartiger Maschinenkonzepte
	Rolf Staufenbiel, Aachen	Entwicklung des zivilen Luftverkehrs unter den Aspekten der Umweltbelastung und dem Zwang von Energieersparnis
300	*Hans Adolf Krebs, Oxford*	On asking the right kind of question in biological research
	Jozef Schell, Köln	Neue Aussichten für die Pflanzenzüchtung: Gen-Übertragung mit dem Ti-Plasmid
301	*Gerhard M. Schneider, Bochum*	Fluide Mischungen bei hohen Drücken
	Albrecht Maas, Bonn	Direktbeobachtung und Analyse von Kristallwachstumsvorgängen im hochauflösenden Transmissions-Elektronenmikroskop
302	*Albrecht Rabenau, Stuttgart*	Lithiumnitrid und verwandte Stoffe
	Ulrich Wannagat, Braunschweig	Sila-Substitutionen
303	*Hans K. Schneider, Köln*	Wirtschaftliches Wachstum – trotz erschöpfbarer natürlicher Ressourcen? Jahresfeier am 11. Juni 1980
304	*Hermann Flohn, Bonn*	Kohlendioxyd, Spurengase und Glashauseffekt: ihre Rolle für die Zukunft unseres Klimas
305	*Heinz Duddeck, Braunschweig*	Die Entwicklung der technischen Wissenschaft ‚Tunnelbau'
	Wolfgang Zerna, Bochum	Tanks für kryogene Flüssigkeiten
306	*Harald Schäfer, Münster*	Der Einfluß von Gasen auf die Reaktionsfähigkeit fester Stoffe
	Herbert Döring, Aachen	75 Jahre Hochvakuumelektronenröhren
307	*Hans J. Zassenhaus, Ohio*	Über die konstruktive Behandlung mathematischer Probleme
	Max Koecher, Münster	Von Matrizen zu Jordan-Tripelsystemen
308	*William F. Pohl, Minnesota*	The Application of Global Differential Geometry to the Investigation of Topological Enzymes and the Spatial Structure of Polymers
	Lothar Jaenicke, Köln	Chemotaxis – Signalaufnahme und Respons einzelliger Lebewesen
309	*Harald Ibach, Jülich/Aachen*	Zur Physik und Chemie der Festkörperoberfläche
310	*Edmond Malinvaud, Paris*	La profitabilité comme facteur de l'investissement
	Burkart Lutz, München	Einige Aspekte von Theorie und Empirie segmentierter Arbeitsmärkte
311	*Hans Jürgen Schmitt, Aachen*	Der Mensch im elektromagnetischen Feld
	Günter Rau, Aachen	Ergonomie in der Medizin
312	*Klaus Heckmann, Münster*	Über *omikron*-Partikel und andere Symbionten von Ciliaten
	Detlev Riesner, Düsseldorf	Viroide: Struktur und Funktion der kleinsten Krankheitserreger
313	*Sven Effert, Aachen*	Arrhythmien des Herzens
314	*Kurt Schmidt, Mainz*	Verlockungen und Gefahren der Schattenwirtschaft
315	*Eckart Reiche, Krefeld*	Tagebau Hambach: Voraussetzungen – Probleme – Lösungen
	Hans-Ulrich Schmincke, Bochum	Vulkane und ihre Wurzeln
316	*Roland Kammel, Berlin*	Umweltschutz durch Abwasserelektrolyse
	Ernst-Ulrich Reuther, Aachen	Zur Problematik tiefer Bergwerke
317	*Wilfried König, Aachen*	Fertigungstechnologie in den neunziger Jahren
	Manfred Weck, Aachen	Werkzeugmaschinen im Wandel

318	*Heinz Maier-Leibnitz, München*	Die Wirkung bedeutender Forscher und Lehrer – Erlebtes aus fünfzig Jahren
	Reimar Lüst, München	Derzeitige Bedingungen und Möglichkeiten für Forschung in der Bundesrepublik Deutschland
319	*Theo Mayer-Kuckuk, Bonn*	Hermes und das Schaf – interdisziplinäre Anwendungen kernphysikalischer Beschleuniger
320	*Gustav V. R. Born, London*	Die Rolle der Thrombozyten bei der Athero- und Thrombogenese
321	*Siegfried Großmann, Marburg*	Deterministisches Chaos
	Günter Harder, Bonn	Experimente in der Mathematik
322	*1. Akademie-Forum*	Technische Innovationen und Wirtschaftskraft
323	*Manfred Depenbrock, Bochum*	Energieumformung und Leistungssteuerung bei einer modernen Universallokomotive
324	*Franz Pischinger, Aachen*	Möglichkeiten zur Energieeinsparung beim Teillastbetrieb von Kraftfahrzeugmotoren
	Dietrich Neumann, Köln	Die zeitliche Programmierung von Tieren auf periodische Umweltbedingungen
325	*Hans-Georg von Schnering, Stuttgart*	Clusteranionen: Struktur und Eigenschaften
	Arndt Simon, Stuttgart	Neue Entwicklungen in der Chemie metallreicher Verbindungen
326	*Fritz Führ, Jülich*	Praxisnahe Tracerversuche zum Verbleib von Pflanzenschutzwirkstoffen im Agrarökosystem
	Hermann Sahm, Jülich	Biogasbildung und anaerobe Abwasserreinigung
327	*Hans-Heinrich Stiller, Jülich/Münster*	Das Projekt Spallations-Neutronenquelle
	Klaus Pinkau, Garching	Stand und Aussichten der Kernfusion mit magnetischem Einschluß
328	*Peter Starlinger, Köln*	Transposition: Ein neuer Mechanismus zur Evolution
	Klaus Rajewsky, Köln	Antikörperdiversität und Netzwerkregulation im Immunsystem
329	*Wilfried B. Krätzig, Bochum*	Große Naturzugkühltürme – Bauwerke der Energie- und Umwelttechnik
	Helmut Domke, Aachen	Neue Möglichkeiten in der Konstruktiven Gestaltung von Bauwerken
330	*Volker Ullrich, Konstanz*	Entgiftung von Fremdstoffen im Organismus
331	*Alexander Naumann †, Aachen* *Holger Schmid-Schönbein, Aachen*	Fluiddynamische, zellphysiologische und biochemische Aspekte der Atherogenese unter Strömungseinflüssen
332	*Klaus Langer, Berlin*	Die Farbe von Mineralen und ihre Aussagefähigkeit für die Kristallchemie
	Tasso Springer, Aachen/Jülich	Diffusionsuntersuchungen mit Hilfe der Neutronenspektroskopie
333	*Wolfgang Priester, Bonn*	Urknall und Evolution des Kosmos – Fortschritte in der Kosmologie
334	*Raoul Dudal, Rom*	Land Resources for the World's Food Production
	Siegfried Batzel, Herten	Der Weltkohlenhandel
335	*Andreas Sievers, Bonn*	Sinneswahrnehmung bei Pflanzen: Graviperzeption
336	*Alain Bensoussan, Paris*	Stochastic Control
	Werner Hildenbrand, Bonn	Über den empirischen Gehalt der neoklassischen ökonomischen Theorie
337	*Jürgen Overbeck, Plön*	Stoffwechselkopplung zwischen Phytoplankton und heterotrophen Gewässerbakterien
	Heinz Bernhardt, Siegburg	Ökologische und technische Aspekte der Phosphoreliminierung in Süßgewässern
338	*Helmut Wolf, Bonn*	Fortschritte der Geodäsie: Satelliten- und terrestrische Methoden mit ihren Möglichkeiten
	Friedel Hoßfeld, Jülich	Parallelrechner – die Architektur für neue Problemdimensionen
339	*Claus Müller, Aachen*	Symmetrie und Ornament (Eine Analyse mathematischer Strukturen der darstellenden Kunst) Jahresfeier am 9. Mai 1984
340	*Karl Gertis, Essen*	Energieeinsparung und Solarenergienutzung im Hochbau – Erreichtes und Erreichbares
	Paul A. Mäcke, Aachen	Die Bedeutung der Verkehrsplanung in der Stadtplanung – heute
341	*Werner Müller-Warmuth, Münster*	Einlagerungsverbindungen: Struktur und Dynamik von Gastmolekülen
	Friedrich Seifert, Kiel	Struktur und Eigenschaften magmatischer Schmelzen
342	*Heinz Losse, Münster*	Die Behandlung chronisch Nierenkranker mit Hämodialyse und Nierentransplantation
	Ekkehard Grundmann, Münster	Stufen der Carcinogenese
343	*Otto Kandler, München*	Archaebakterien und Phylogenie
	Achim Trebst, Bochum	Die Topologie der integralen Proteinkomplexe des photosynthetischen Elektronentransportsystems in der Membran
344	*Marianne Baudler, Köln*	Aktuelle Entwicklungstendenzen in der Phosphorchemie
	Ludwig von Bogdandy, Duisburg	Kontrolle von umweltsensitiven Schadstoffen bei der Verarbeitung von Steinkohle
345	*Stefan Hildebrandt, Bonn*	Variationsrechnung heute

ABHANDLUNGEN

Band Nr.		
38	*Max Braubach, Bonn*	Bonner Professoren und Studenten in den Revolutionsjahren 1848/49
39	*Henning Bock (Bearb.), Berlin*	Adolf von Hildebrand, Gesammelte Schriften zur Kunst
40	*Geo Widengren, Uppsala*	Der Feudalismus im alten Iran
41	*Albrecht Dihle, Köln*	Homer-Probleme
42	*Frank Reuter, Erlangen*	Funkmeß. Die Entwicklung und der Einsatz des RADAR-Verfahrens in Deutschland bis zum Ende des Zweiten Weltkrieges
43	*Otto Eißfeldt, Halle, und Karl Heinrich Rengstorf, Münster (Hrsg.)*	Briefwechsel zwischen Franz Delitzsch und Wolf Wilhelm Graf Baudissin 1866–1890
44	*Reiner Haussherr, Bonn*	Michelangelos Kruzifixus für Vittoria Colonna. Bemerkungen zu Ikonographie und theologischer Deutung
45	*Gerd Kleinheyer, Regensburg*	Zur Rechtsgestalt von Akkusationsprozeß und peinlicher Frage im frühen 17. Jahrhundert. Ein Regensburger Anklageprozeß vor dem Reichshofrat. Anhang: Der Statt Regenspurg Peinliche Gerichtsordnung
46	*Heinrich Lausberg, Münster*	Das Sonett *Les Grenades* von Paul Valéry
47	*Jochen Schröder, Bonn*	Internationale Zuständigkeit. Entwurf eines Systems von Zuständigkeitsinteressen im zwischenstaatlichen Privatverfahrensrecht aufgrund rechtshistorischer, rechtsvergleichender und rechtspolitischer Betrachtungen
48	*Günther Stökl, Köln*	Testament und Siegel Ivans IV.
49	*Michael Weiers, Bonn*	Die Sprache der Moghol der Provinz Herat in Afghanistan
50	*Walther Heissig (Hrsg.), Bonn*	Schriftliche Quellen in Moǧolī. 1. Teil: Texte in Faksimile
51	*Thea Buyken, Köln*	Die Constitutionen von Melfi und das Jus Francorum
52	*Jörg-Ulrich Fechner, Bochum*	Erfahrene und erfundene Landschaft. Aurelio de'Giorgi Bertòlas Deutschlandbild und die Begründung der Rheinromantik
53	*Johann Schwartzkopff (Red.), Bochum*	Symposium ‚Mechanoreception'
54	*Richard Glasser, Neustadt a. d. Weinstr.*	Über den Begriff des Oberflächlichen in der Romania
55	*Elmar Edel, Bonn*	Die Felsgräbernekropole der Qubbet el Hawa bei Assuan. II. Abteilung: Die althieratischen Topfaufschriften aus den Grabungsjahren 1972 und 1973
56	*Harald von Petrikovits, Bonn*	Die Innenbauten römischer Legionslager während der Prinzipatszeit
57	*Harm P. Westermann u. a., Bielefeld*	Einstufige Juristenausbildung. Kolloquium über die Entwicklung und Erprobung des Modells im Land Nordrhein-Westfalen
58	*Herbert Hesmer, Bonn*	Leben und Werk von Dietrich Brandis (1824–1907) – Begründer der tropischen Forstwirtschaft. Förderer der forstlichen Entwicklung in den USA. Botaniker und Ökologe
59	*Michael Weiers, Bonn*	Schriftliche Quellen in Moǧolī, 2. Teil: Bearbeitung der Texte
60	*Reiner Haussherr, Bonn*	Rembrandts Jacobssegen Überlegungen zur Deutung des Gemäldes in der Kasseler Galerie
61	*Heinrich Lausberg, Münster*	Der Hymnus ›Ave maris stella‹
62	*Michael Weiers, Bonn*	Schriftliche Quellen in Moǧolī, 3. Teil: Poesie der Mogholen
63	*Werner H. Hauss, Münster Robert W. Wissler, Chicago, Rolf Lehmann, Münster*	International Symposium 'State of Prevention and Therapy in Human Arteriosclerosis and in Animal Models'
64	*Heinrich Lausberg, Münster*	Der Hymnus ›Veni Creator Spiritus‹
65	*Nikolaus Himmelmann, Bonn*	Über Hirten-Genre in der antiken Kunst
66	*Elmar Edel, Bonn*	Die Felsgräbernekropole der Qubbet el Hawa bei Assuan. Paläographie der althieratischen Gefäßaufschriften aus den Grabungsjahren 1960 bis 1973
67	*Elmar Edel, Bonn*	Hieroglyphische Inschriften des Alten Reiches
68	*Wolfgang Ehrhardt, Athen*	Das Akademische Kunstmuseum der Universität Bonn unter der Direktion von Friedrich Gottlieb Welcker und Otto Jahn
69	*Walther Heissig, Bonn*	Geser-Studien. Untersuchungen zu den Erzählstoffen in den „neuen" Kapiteln des mongolischen Geser-Zyklus
70	*Werner H. Hauss, Münster Robert W. Wissler, Chicago*	Second Münster International Arteriosclerosis Symposium: Clinical Implications of Recent Research Results in Arteriosclerosis
71	*Elmar Edel, Bonn*	Die Inschriften der Grabfronten der Siut-Gräber in Mittelägypten aus der Herakleopolitenzeit
72	*(Sammelband)*	Studien zur Ethnogenese
73	*Nikolaus Himmelmann, Bonn*	Ideale Nacktheit

Sonderreihe

PAPYROLOGICA COLONIENSIA

Vol. I

Aloys Kehl, Köln — Der Psalmenkommentar von Tura, Quaternio IX

Vol. II

Erich Lüddeckens, Würzburg,
P. Angelicus Kropp O. P., Klausen,
Alfred Hermann und Manfred Weber, Köln — Demotische und Koptische Texte

Vol. III

Stephanie West, Oxford — The Ptolemaic Papyri of Homer

Vol. IV

Ursula Hagedorn und Dieter Hagedorn, Köln,
Louise C. Youtie und Herbert C. Youtie, Ann Arbor — Das Archiv des Petaus (P. Petaus)

Vol. V

Angelo Geißen, Köln
Wolfram Weiser, Köln — Katalog Alexandrinischer Kaisermünzen der Sammlung des Instituts für Altertumskunde der Universität zu Köln

Band 1: Augustus-Trajan (Nr. 1–740)
Band 2: Hadrian-Antoninus Pius (Nr. 741–1994)
Band 3: Marc Aurel-Gallienus (Nr. 1995–3014)
Band 4: Claudius Gothicus – Domitius Domitianus, Gau-Prägungen, Anonyme Prägungen, Nachträge, Imitationen, Bleimünzen (Nr. 3015–3627)
Band 5: Indices zu den Bänden 1 bis 4

Vol. VI

J. David Thomas, Durham — The epistrategos in Ptolemaic and Roman Egypt

Part 1: The Ptolemaic epistrategos
Part 2: The Roman epistrategos

Vol. VII — Kölner Papyri (P. Köln)

Bärbel Kramer und Robert Hübner (Bearb.), Köln — Band 1
Bärbel Kramer und Dieter Hagedorn (Bearb.), Köln — Band 2
Bärbel Kramer, Michael Erler, Dieter Hagedorn und Robert Hübner (Bearb.), Köln — Band 3
Bärbel Kramer, Cornelia Römer und Dieter Hagedorn (Bearb.), Köln — Band 4
Michael Gronewald, Klaus Maresch und Wolfgang Schäfer (Bearb.), Köln — Band 5

Vol. VIII

Sayed Omar (Bearb.), Kairo — Das Archiv des Soterichos (P. Soterichos)

Vol. IX — Kölner ägyptische Papyri (P. Köln ägypt.)

Dieter Kurth, Heinz-Josef Thissen und Manfred Weber (Bearb.), Köln — Band 1

Vol. X

Jeffrey S. Rusten, Cambridge, Mass. — Dionysius Scytobrachion

Vol. XI

Wolfram Weiser, Köln — Katalog der Bithynischen Münzen der Sammlung des Instituts für Altertumskunde der Universität zu Köln

Band 1: Nikaia. Mit einer Untersuchung der Prägesysteme und Gegenstempel

Verzeichnisse sämtlicher Veröffentlichungen der Rheinisch-Westfälischen Akademie der Wissenschaften können beim Westdeutschen Verlag GmbH, Postfach 30 06 20, 5090 Leverkusen 3 (Opladen), angefordert werden

GPSR Compliance
The European Union's (EU) General Product Safety Regulation (GPSR) is a set of rules that requires consumer products to be safe and our obligations to ensure this.

If you have any concerns about our products, you can contact us on

ProductSafety@springernature.com

In case Publisher is established outside the EU, the EU authorized representative is:

Springer Nature Customer Service Center GmbH
Europaplatz 3
69115 Heidelberg, Germany

www.ingramcontent.com/pod-product-compliance
Ingram Content Group UK Ltd.
Pitfield, Milton Keynes, MK11 3LW, UK
UKHW021816190726
13853UKWH00003B/1015

* 9 7 8 3 5 3 1 0 8 3 4 5 2 *